もくじ

算数6年
学校図書版
みんなと学ぶ小学校算数

 教科書ぴったりトレーニング

▶ 3分でまとめ動画

 JN125467

次の◯◯にあてはまる記号やことばを書きましょう。

ねらい　線対称な図形の意味を理解しよう。　　練習 ① ②

線対称な図形

　１本の直線を折り目にして２つに折るとき、折り目の両側の形がぴったり重なり合う図形を、**線対称**な図形といいます。

　折り目になる直線を、**対称の軸**といいます。

　線対称な図形を対称の軸で折ったとき、重なり合う点を**対応する点**、重なり合う辺を**対応する辺**、重なり合う角を**対応する角**といいます。

　対応する辺の長さや対応する角の大きさは、それぞれ等しくなっています。

対称の軸

1 右の線対称な図形で、対応する点や辺、角を答えましょう。

解き方 対称の軸で折ったときに重なるところを見つけます。

　対応する点　点Bと点F、点Cと点 ①◯◯

　対応する辺　辺ABと辺AF、辺BCと辺 ②◯◯、
　　　　　　　　辺CDと辺 ③◯◯

　対応する角　角Bと角F、角Cと角 ④◯◯

ねらい　線対称な図形の性質を理解しよう。　　練習 ② ③

線対称な図形の性質

⭐対応する２つの点を結ぶ直線は、対称の軸に垂直に交わっています。

⭐対称の軸から対応する２つの点までの長さは、等しくなっています。

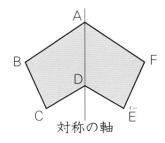

対称の軸

2 右の線対称な図形で、対応する点を結ぶ直線BFと直線CEについて調べましょう。

解き方 直線BFと直線CEは、それぞれ対称の軸と◯◯に交わっています。

　直線BGと直線FG、直線CHと直線EHの長さはそれぞれ◯◯なっています。

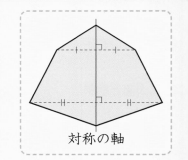

対称の軸

教科書ぴったりトレーニング 算数6年 がんばり表

いつも見えるところに、この「がんばり表」をはっておこう。
この「ぴたトレ」を学習したら、シールをはろう！
どこまでがんばったかわかるよ。

4. 分数×分数
❶ 分数×分数の計算　❸ 計算のきまり
❷ いろいろな計算　❹ 逆数

30〜31ページ	28〜29ページ	26〜27ページ	24〜25ページ
ぴったり 3	ぴったり 1 2	ぴったり 1 2	ぴったり 1 2
できたらシールをはろう	できたらシールをはろう	できたらシールをはろう	できたらシールをはろう

3. 分数と整数のかけ算とわり算
❶ 分数×整数の計算
❷ 分数÷整数の計算

22〜23ページ	20〜21ページ	18〜19ページ
ぴったり 3	ぴったり 1 2	ぴったり 1 2
できたらシールをはろう	できたらシールをはろう	できたらシールをはろう

5. 分数÷分数
❶ 分数÷分数の計算
❷ どんな式になるかな

32〜33ページ	34〜35ページ	36〜37ページ
ぴったり 1 2	ぴったり 1 2	ぴったり 3
できたらシールをはろう	できたらシールをはろう	できたらシールをはろう

6. 資料の整理
❶ 代表値
❷ 度数分布表と柱状グラフ

38〜39ページ	40〜41ページ	42〜43ページ	44〜45ページ
ぴったり 1 2	ぴったり 1 2	ぴったり 1 2	ぴったり 3
できたらシールをはろう	できたらシールをはろう	できたらシールをはろう	できたらシールをはろう

12. 拡大図と縮図
❶ 図形の拡大図・縮図　❸ 縮図の利用
❷ 拡大図と縮図のかき方

86〜87ページ	84〜85ページ	82〜83ページ	80〜81ページ
ぴったり 3	ぴったり 1 2	ぴったり 1 2	ぴったり 1 2
できたらシールをはろう	できたらシールをはろう	できたらシールをはろう	できたらシールをはろう

11. 比とその利用
❶ 比と比の値　❸ 比の利用
❷ 等しい比

78〜79ページ	76〜77ページ	74〜75ページ	72〜73ページ
ぴったり 3	ぴったり 1 2	ぴったり 1 2	ぴったり 1 2
できたらシールをはろう	できたらシールをはろう	できたらシールをはろう	できたらシールをはろう

13. 比例と反比例
❶ 比例　❸ 比例の性質の利用
❷ 比例のグラフ　❹ 反比例

88〜89ページ	90〜91ページ	92〜93ページ	94〜95ページ	96〜97ページ
ぴったり 1 2	ぴったり 1 2	ぴったり 1 2	ぴったり 1 2	ぴったり 3
できたらシールをはろう	できたらシールをはろう	できたらシールをはろう	できたらシールをはろう	できたらシールをはろう

14. データの活用
❶ データの活用

98〜99ページ	100〜101ページ
ぴったり 1 2	ぴったり 1 2
できたらシールをはろう	できたらシールをはろう

なまえ

好きななまえを
つけてね！

ぴた犬
（おとも犬）
シールを
はろう

シールの中から好きなぴた犬を選ぼう。

おうちのかたへ

がんばり表のデジタル版「デジタルがんばり表」では、デジタル端末でも学習の進捗記録をつけることができます。1冊やり終えると、抽選でプレゼントが当たります。「ぴたサポシステム」にご登録いただき、「デジタルがんばり表」をお使いください。LINE または PC・ブラウザを利用する方法があります。

 LINE用

 PC・ブラウザ用

★ ぴたサポシステムご利用ガイドはこちら ★
https://www.shinko-keirin.co.jp/shinko/news/pittari-support-system

2. 文字と式

❶ いろいろな数量を表す式　　❸ 文字にあてはまる数
❷ 関係を表す式　　❹ 式を読む

16〜17ページ	14〜15ページ	12〜13ページ	10〜11ページ
ぴったり3	ぴったり12	ぴったり12	ぴったり12
できたらシールをはろう	できたらシールをはろう	できたらシールをはろう	できたらシールをはろう

1. 対称

❶ 線対称な図形　　❸ 多角形と対称
❷ 点対称な図形

8〜9ページ	6〜7ページ	4〜5ページ	2〜3ページ
ぴったり3	ぴったり12	ぴったり12	ぴったり12
できたらシールをはろう	できたらシールをはろう	できたらシールをはろう	できたらシールをはろう

スタート

7. ならべ方と組み合わせ方

❶ ならべ方
❷ 組み合わせ方

46〜47ページ	48〜49ページ	50〜51ページ
ぴったり12	ぴったり12	ぴったり3
できたらシールをはろう	できたらシールをはろう	できたらシールをはろう

8. 小数と分数の計算

❶ 小数と分数の混じった計算
❷ いろいろな問題

52〜53ページ	54〜55ページ	56〜57ページ
ぴったり12	ぴったり12	ぴったり3
できたらシールをはろう	できたらシールをはろう	できたらシールをはろう

★倍の計算

〜分数倍〜

58〜59ページ
できたらシールをはろう

10. 立体の体積

❶ 角柱の体積　　❸ いろいろな形の体積
❷ 円柱の体積

70〜71ページ	68〜69ページ	66〜67ページ
ぴったり3	ぴったり12	ぴったり12
できたらシールをはろう	できたらシールをはろう	できたらシールをはろう

9. 円の面積

❶ 円の面積　　❸ いろいろな面積
❷ 円の面積を求める公式　　❹ およその面積

64〜65ページ	62〜63ページ	60〜61ページ
ぴったり3	ぴったり12	ぴったり12
できたらシールをはろう	できたらシールをはろう	できたらシールをはろう

15. 算数のまとめ

〜103ページ	104〜111ページ	112ページ
...たり3		プログラミング
できたらシールをはろう	できたらシールをはろう	できたらシールをはろう

★プログラミングのプ

ゴール

最後までがんばったキミは
「ごほうびシール」をはろう！

ごほうび
シールを
はろう

📖 教科書　12〜18 ページ　　目 答え　1〜2 ページ

1 次の図は線対称な図形です。対称の軸をかき入れましょう。

教科書　14 ページ **2**

①

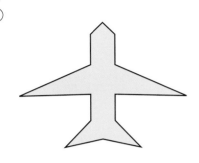

②

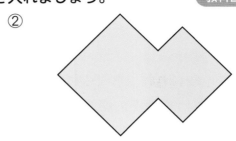

2 右の線対称な図形について、次の問いに答えましょう。

教科書　15 ページ **3**、17 ページ **4**

① 点Bと対応する点はどの点ですか。

（　　　　　　　　）

② 辺BCと対応する辺はどの辺ですか。

（　　　　　　　　）

③ 直線CFと対称の軸はどのように交わっていますか。

（　　　　　　　　）に交わっている。

④ 直線BHと直線GHの長さはどのようになっていますか。

長さは（　　　　　　　　）なっている。

対称の軸

3 直線アイを対称の軸とする線対称な図形になるように、残りの半分をかきましょう。

教科書　18 ページ **5**

①

②

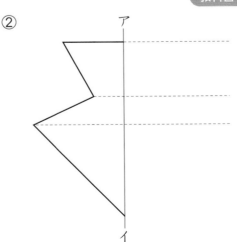

 ❸ ② 対応する点をとるために、対称の軸と垂直に交わる直線をひいて、
対称の軸と点までの長さを実際に測ってみましょう。

3

1 対称
② 点対称な図形

教科書　19〜24ページ　　答え　2ページ

✏️ 次の □ にあてはまる記号やことばを書きましょう。

◎ねらい 点対称な図形の意味を理解しよう。　　練習 ①

🐾 点対称な図形

　1つの点を中心にして 180° 回転すると、もとの図形にぴったり重なり合う図形を、**点対称**な図形といいます。

　中心にした点を、**対称の中心**といいます。

　点対称な図形を、対称の中心のまわりに 180° 回転したとき、重なり合う点を**対応する点**、重なり合う辺を**対応する辺**、重なり合う角を**対応する角**といいます。

　対応する辺の長さや対応する角の大きさは、それぞれ等しくなっています。

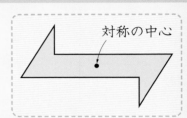
対称の中心

1 右の点対称な図形で、対応する点や辺、角を答えましょう。

[解き方] 右の図のように、頂点から対称の中心を通る直線をひきます。

　対応する点　点Aと点D、点Bと点 ①□ 、点Cと点 ②□

　対応する辺　辺ABと辺DE、辺BCと辺 ③□ 、

　　　　　　　　辺CDと辺 ④□

　対応する角　角Aと角D、角Bと角 ⑤□ 、角Cと角 ⑥□

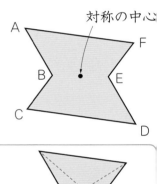
対称の中心

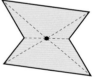

◎ねらい 点対称な図形の性質を理解しよう。　　練習 ②③

🐾 点対称な図形の性質

★対応する2つの点を結ぶ直線は、対称の中心を通ります。

★対称の中心から対応する2つの点までの長さは、等しくなっています。

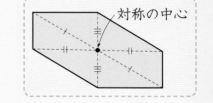
対称の中心

2 右の点対称な図形で、対応する点を結ぶ直線AD、直線BE、直線CFについて調べましょう。

[解き方] 直線AD、直線BE、直線CFはすべて □ を通ります。

　直線AOと直線DO、直線BOと直線EO、直線COと直線FOの長さはそれぞれ □ なっています。

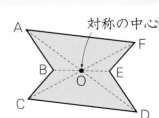
対称の中心

★ できた問題には、「た」をかこう！★
 でき ① でき ② でき ③

📖 教科書　19〜24 ページ　　🖎 答え　2 ページ

1 右の点対称な図形について、次の問いに答えましょう。　教科書　20 ページ ❷、21 ページ ❸

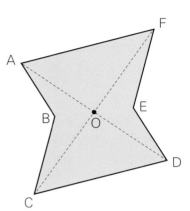

① 点Fと対応する点はどの点ですか。

（　　　　　　　　　　）

② 点Oのことを何といいますか。

（　　　　　　　　　　）

③ 辺EFと対応する辺はどの辺ですか。

（　　　　　　　　　　）

④ 直線AOと直線DOの長さはどのようになっていますか。

（　　　　　　　　　　）

2 次の図は点対称な図形です。対称の中心をかき入れましょう。　教科書　21 ページ ▶

① 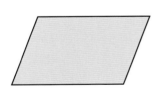　　　②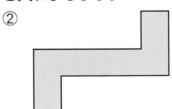

3 点Oを対称の中心とする点対称な図形になるように、残りの半分をかきましょう。

教科書　22 ページ ❹

① 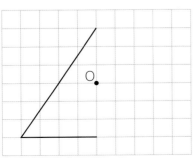　　　②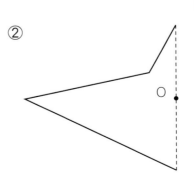

 **❸** ② 対応する点をとるために、対称の中心を通る直線をひいて、点から
対称の中心までの長さを実際にコンパスで測りとってみましょう。

1 対称

③ 多角形と対称

📖 教科書　25〜26ページ　🔲 答え　2ページ

✏️ 次の ☐ にあてはまることばや数を書きましょう。

◎ねらい　いろいろな多角形から対称な図形を見つけよう。　練習❶

🐾 多角形と対称

⭐線対称な図形には、対称の軸が2本以上あるものも
あります。
⭐線対称でもあり、点対称でもある図形もあります。

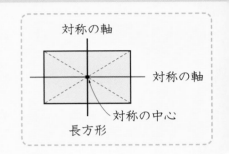

対称の軸

対称の軸

対称の中心

長方形

1 次の図形について調べましょう。

二等辺三角形

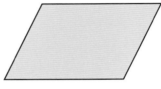

平行四辺形

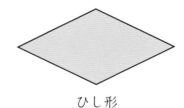

ひし形

解き方 対称の軸や対称の中心を図にかき入れます。

二等辺三角形は、①[　　　]対称な図形で、対称の軸は②[　　　]本あります。

平行四辺形は、③[　　　]対称な図形で、対称の中心は④[　　　]の交わる点です。

ひし形は、線対称な図形でもあり、⑤[　　　]対称な図形でもあります。線対称な図形とみ
たとき、対称の軸は⑥[　　　]本あります。

◎ねらい　正多角形の対称な図形の性質について理解しよう。　練習❷

🐾 正多角形と対称

⭐正多角形はすべて線対称な図形になります。
　また、辺の数が偶数である正多角形は点対称な図形にもなります。
⭐正多角形の対称の軸の数は、辺の数と等しくなります。

2 右の正多角形に対称の軸をかき入れましょう。
　また、点対称な図形には、対称の中心を • で示し
ましょう。

解き方 正多角形の対称の軸は辺の数と同じだけあ
ります。

正五角形

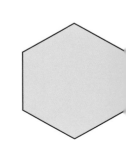

正六角形

教科書 25〜26 ページ　答え 3 ページ

 よくみて

① 次の図形について、下の問いに答えましょう。　　　教科書 25 ページ 1・▶

ⓐ 正三角形

ⓘ 二等辺三角形

ⓤ 台形

ⓔ 正方形

ⓞ 長方形

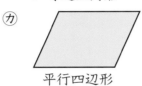
ⓚ 平行四辺形

ⓠ ひし形

① 線対称な図形を5つ選び、記号で答えましょう。また、その図形の対称の軸はそれぞれ何本ありますか。

（図形 　　、対称の軸 　　本）（図形 　　、対称の軸 　　本）（図形 　　、対称の軸 　　本）

（図形 　　、対称の軸 　　本）（図形 　　、対称の軸 　　本）

② 点対称な図形はどれですか。記号ですべて答えましょう。また、その図形の対称の中心を上の図にそれぞれかき入れましょう。

（　　　　　　　　　　　　）

③ 線対称でもあり、点対称でもある図形はどれですか。記号ですべて答えましょう。

（　　　　　　　　　　　　）

④ 点対称であるけれども、線対称ではない図形はどれですか。記号で答えましょう。

（　　　　　　　　　　　　）

点対称になる四角形は対角線の交点が対称の中心になるよ。

② 次の正多角形について、下の表のⓐ〜ⓤに対称の軸の数を書きましょう。また、ⓔ〜ⓠには点対称であるものには○を、そうでないものには×を書きましょう。　　　教科書 26 ページ 2

正五角形

正六角形

正七角形

正八角形

	正五角形	正六角形	正七角形	正八角形
線対称な図形	○	○	○	○
対称の軸の数（本）	5	ⓐ	ⓘ	ⓤ
点対称な図形	ⓔ	ⓞ	ⓚ	ⓠ

 ヒント

① ① 正三角形と正方形は正多角形のなかまだから、対称の軸の数は辺の数と等しくなります。

ぴったり③
確かめのテスト

① **対称**
たいしょう

時間 **30** 分
／100
合格 **80** 点

教科書　12〜29 ページ　　答え　3〜4 ページ

知識・技能　　　　　　　　　　　　　　　　　　　　　　　　　　　／65点

① 次の⑦〜⊆から、線対称な図形と点対称な図形をすべて選び、記号で答えましょう。

各5点(10点)

⑦ 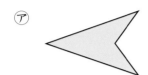　　⑦ 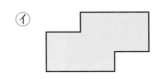　　⑦ 　　⊆

線対称 （　　　　　　　）　　　点対称 （　　　　　　　）

② **よく出る** 右の線対称な図形について、次の問いに答えましょう。

各5点(20点)

① 対称の軸はどの直線ですか。　　　　（　　　　　　　）

② 図の角⑧の大きさを求めましょう。　　（　　　　　　　）

③ 直線EBの長さが2cmのとき、直線BDの長さを求めましょう。

（　　　　　　　）

④ 点Fに対応する点Gを図にかき入れましょう。

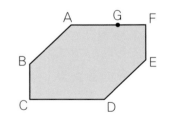

③ **よく出る** 右の点対称な図形について、次の問いに答えましょう。

各5点(15点)

① 点Aと対応する点はどれですか。　　（　　　　　　　）

② 対称の中心を図にかき入れましょう。

③ 点Gと対応する点Hを図にかき入れましょう。

④ ①は直線アイを対称の軸とする線対称な図形を、②は点Oを対称の中心とする点対称な図形をかきましょう。

各5点(10点)

① 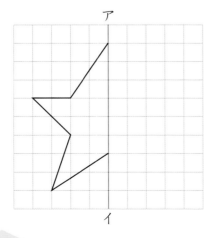　　②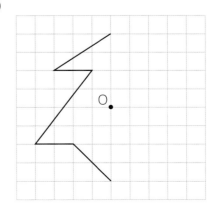

5 右の図形は、線対称でもあり点対称でもある図形です。これについて、次の問いに答えましょう。　　　　　　　　　　各5点（10点）

① 対称の軸は何本ありますか。　　　　　　　（　　　　　　　　　）

② 点Aと点Bが対応する線対称な図形とみるとき、対称の軸を図にかき入れましょう。

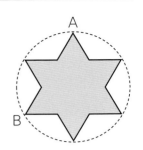

思考・判断・表現　　　　　　　　　　　　　　　　　　　　　／35点

6 右の図のように、平行四辺形の辺の上に点Aがあります。点Aを通り、この平行四辺形の面積を2等分する直線を図にかき入れましょう。ただし、と中でかいた線などは残しておきましょう。
（10点）

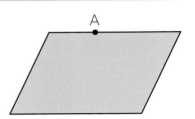

7 次の㋐〜㋕の図形から、下の①〜④にあてはまるものをすべて選び、記号で答えましょう。
各5点（20点）

 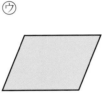  

㋐ 正三角形　　㋑ 正方形　　㋒ 平行四辺形　　㋓ 円　　㋔ 正五角形　　㋕ 正六角形

① 線対称であるが、点対称ではない図形。　　　（　　　　　　　　　）

② 点対称であるが、線対称ではない図形。　　　（　　　　　　　　　）

③ 線対称でもあり、点対称でもある図形。　　　（　　　　　　　　　）

④ 線対称であり、対称の軸が5本以上ある図形。　（　　　　　　　　　）

できたらスゴイ!

8 折り紙を次の図のように3回折ります。

3回折った後、ある線で切り取ってから開くと、右の図のようになりました。切った線を示しているのは、次の図の㋐〜㋒のどれですか。　（5点）

㋐ 3回目の折り目　　㋑ 3回目の折り目　　㋒ 3回目の折り目

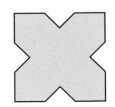

（　　　　　　　　　）

 **1** がわからないときは、2ページの **1** 、4ページの **1** にもどって確認してみよう。

9

ぴったり **1** 準備

3分でまとめ

2 文字と式
① いろいろな数量を表す式
② 関係を表す式

学習日 　　月　　日

教科書 30〜35 ページ　答え 5 ページ

✏ 次の◯◯にあてはまる数や文字を書きましょう。

◎ねらい 文字を使った式を書けるようにしよう。　　　　練習 ① ②→

🐾 いろいろな数量を表す式

　数や量を表すときに、□や〇などの記号のほかに、
x や a のような文字を使うことがあります。
　わからない数があるとき、それらの数を、x、a として
式に表すことができます。

1 次の代金を表す式を書きましょう。

(1) １本 60 円のえん筆を、x 本買ったときの代金。

(2) １m a 円のリボンを 5m 買ったときの代金。

解き方 １つ分の数×いくつ分＝全部の数にあてはめます。

(1) １つ分の数は、（１本）60（円）で、いくつ分は x（本分）だから、

代金は、（ ① ◯◯ × ② ◯◯ ）円と表せます。

(2) １つ分の数は、（１m） ① ◯◯ （円）で、いくつ分は ② ◯◯ （m 分）だから、

代金は、（ ③ ◯◯ × ④ ◯◯ ）円と表せます。

◎ねらい 数量の関係を２つの文字を使った式で表せるようにしよう。　練習 ③→

🐾 関係を表す式

　ともなって変わる２つの数量の関係は、１つの数量を x、もう１つの数量
を y とすると、x と y を使って式に表すことができます。

y

2 正方形の１辺の長さを x cm、まわりの長さを y cm とします。
　　x と y の関係を、式に表しましょう。

解き方 １辺の長さとまわりの長さの関係を式に表します。

	１辺の長さ	×	辺の数	＝	まわりの長さ
１cm のとき	1	×	4	＝	4
２cm のとき	2	×	4	＝	8
３cm のとき	① ◯◯	×	4	＝	② ◯◯
４cm のとき	③ ◯◯	×	4	＝	④ ◯◯

 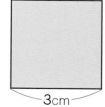

1cm　2cm　3cm

……

１辺の長さ x cm とまわりの長さ y cm の関係は、

１辺の長さ		辺の数		まわりの長さ	
⑤ ◯◯	×	⑥ ◯◯	＝	⑦ ◯◯	となります。

ぴったり2 練習

★ できた問題には、「た」をかこう！★

でき ① 　でき ② 　でき ③

📖 教科書　30〜35 ページ　　▶答え　5 ページ

1 文字を使った式で書きましょう。
教科書 31 ページ 1

① 1個 120 円のクッキーを x 個買ったときの代金を表す式。

（　　　　　　　　　　　　）

② 底辺の長さが a cm、高さが 8 cm の平行四辺形の面積を表す式。

（　　　　　　　　　　　　）

2 折り紙が2束と3枚あります。1束には、同じ枚数ずつ折り紙があります。
教科書 32 ページ 2

① 1束に折り紙が 12 枚あるとすると、折り紙は、全部で何枚になりますか。

（　　　　　　　　　　　　）

② 1束に折り紙が x 枚あるとして、折り紙全部の枚数を表す式を書きましょう。

（　　　　　　　　　　　　）

3 幅 30 cm の料理用のラップを広げたときの、広げた部分の面積を調べましょう。
教科書 35 ページ ▶

① 広げた長さを x cm、広げた部分の面積を y cm² として、次のような表にまとめました。

あいているところに数を書きましょう。

広げた長さ x(cm)	5	12	17.5	40
広げた部分の面積 y(cm²)	㋐	㋑	㋒	㋓

30cm

x cm

② x と y の関係を、式に表しましょう。

（　　　　　　　　　　　　）

● ヒント　1 ② 平行四辺形の面積＝底辺×高さ
　　　　　　3 長方形の面積＝縦×横

学習日　　月　　日

教科書　36〜39ページ　答え　5ページ

次の◯◯にあてはまる文字や数を書きましょう。

🎯ねらい　文字にあてはまる数を求めることができるようにしよう。　練習①②③

🐾 文字にあてはまる数（たし算で表された式）

$x+8=25$ のようにたし算の式になる場合、x にあてはまる数は、その逆のひき算で求めることができます。

$$x+8=25$$
$$x=25-8$$
$$x=17$$

等号を縦にそろえて書くと見やすくなります。

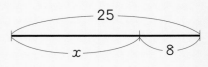

1 おはじきが何個かありました。6個もらったら、32個になりました。

(1) はじめの個数を x 個として、全部の個数が 32 個であることを、式に表しましょう。

(2) (1)の式をもとにして、はじめにあったおはじきの個数を求めましょう。

解き方 (1) x 個と 6 個を合わせて 32 個だから、たし算の式になります。

はじめの個数

$$\boxed{①}+\boxed{②}=32$$

(2) x にあてはまる数を求めます。

$$x=\boxed{①}-\boxed{②}$$
$$x=\boxed{③}$$

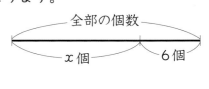
全部の個数　x個　6個

答え $\boxed{④}$ 個

🎯ねらい　文字にあてはまる数を求めることができるようにしよう。　練習①②③

🐾 文字にあてはまる数（かけ算で表された式）

$x×5=4$ のようにかけ算の式になる場合、x にあてはまる数は、その逆のわり算で求めることができます。

$$x×5=4$$
$$x=4÷5$$
$$x=\frac{4}{5}(0.8)$$

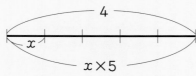

x は整数だけでなく、分数や小数も表します。

2 面積 42 cm²、横 7 cm の長方形があります。縦の長さを求めましょう。

解き方 縦の長さを x cm として、面積を求める式を書くと、次のようになります。

縦　　横

$$\boxed{①}×\boxed{②}=42$$

x にあてはまる数を求めます。

$$x=\boxed{③}÷\boxed{④}$$
$$x=\boxed{⑤}$$

長方形の面積
＝縦×横
だね。

答え $\boxed{⑥}$ cm

練習

★ できた問題には、「た」をかこう！★

でき ① 　でき ② 　でき ③

教科書　36〜39 ページ　答え　5〜6 ページ

1 x にあてはまる数を求めましょう。　　教科書 36 ページ **1**、37 ページ **2**

① 　$x+9=26$

② 　$17+x=35$

③ 　$x-2.8=1.5$

（　　　　　　）　　（　　　　　　）　　（　　　　　　）

④ 　$x×8=96$

⑤ 　$12×x=60$

⑥ 　$x÷7=5$

（　　　　　　）　　（　　　　　　）　　（　　　　　　）

2 x を使った式を書き、x にあてはまる数を求めましょう。　教科書 36 ページ **1**、37 ページ **2**

① 　x 個あったチョコレートを 5 個食べたら、残りは 12 個になりました。

式

$x=$（　　　　　　）

② 　1 日に x ページずつ漢字ドリルをします。1 週間で 28 ページしました。

式

$x=$（　　　　　　）

③ 　x L のジュースを 8 人で同じ量ずつ分けると、1 人分は 0.3 L です。

式

$x=$（　　　　　　）

3 $12×x+8=92$ について調べましょう。　　教科書 38 ページ **3**

① 　x が 4、5、6、7 のとき、次の表のあいているところをうめましょう。

x	4	5	6	7
$12×x$	48	㋐	㋑	㋒
$12×x+8$	56	㋓	㋔	㋕

② 　$12×x+8=92$ の x にあてはまる数を、①の表から求めましょう。

（　　　　　　）

ヒント **1** **2** ひき算の式になる場合は、その逆のたし算で、わり算の式になる場合は、その逆のかけ算で、x にあてはまる数を求めます。

13

② 文字と式
④ **式を読む**

教科書　40 ページ　　答え　6 ページ

✏️ 次の ☐ にあてはまる数、式、ことば、記号を書きましょう。

🎯**ねらい**　式を見て、どんな考え方を使っているかわかるようにしよう。　練習 ❶ ❷

🐾 **式を読む**

式を見ると、どんな考え方を使っているかわかります。

また、考え方がちがうと、式もちがう表し方になることがあります。

1　次の(1)、(2)の式は、右の図のような形をした土地の面積を表しています。

(1)　$10 \times 10 - 6 \times x$

(2)　$(10 - 6) \times 10 + 6 \times (10 - x)$

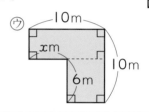

(1)、(2)の式が表す図を、下の⑦〜⑨からそれぞれ選びましょう。

⑦ 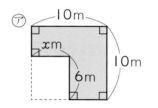　　⑦ 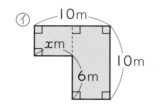　　⑦

解き方　問題の図のような形の面積は、長方形（または正方形）の面積の和や差を使って求めることができます。

(1)　(1)の式の 10×10 は１辺が ☐① m の正方形の面積を表し、

☐② は右の図の長方形あの面積を表しています。

よって、右の図で、正方形の面積から長方形あの面積をひいたと考えられるので、あてはまる図は ☐③ です。

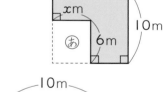

(2)　(2)の式の $(10 - 6) \times 10$ の $(10 - 6)$ は、右の図の長方形

☐① の ☐② の長さを表しています。

また、$6 \times (10 - x)$ の $(10 - x)$ は、右の図の長方形

☐③ の ☐④ の長さを表しています。

よって、右の図で、長方形いの面積と長方形うの面積の

和であると考えられるので、あてはまる図は ☐⑤ です。

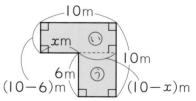

$(10-6)$ や $(10-x)$ が何を表しているかに注目しよう。

教科書 40 ページ ▷ 答え 6 ページ

1 右の図のような台形の面積を求めます。

教科書 40 ページ **1**

① ふみおさんは、この台形の面積を次のような式に表しました。

$x×4÷2＋5×4÷2$

ふみおさんの考えを、次のように説明しました。☐ にあてはまる文字を書きましょう。

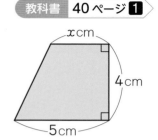

◎ $x×4÷2$ は右の図で、底辺が辺 ⑦☐、高さが直線 DC の三角形ADCの面積を、$5×4÷2$ は右の図で、底辺が辺 ⑦☐、高さが直線 ⑦☐ の三角形 ⑦☐ の面積を表しています。

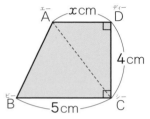

② さなえさんは、この台形の面積を、「$(5−x)×4÷2＋4×x$」という式に表しました。さなえさんの考えを表している図は、次のあ～うのうちのどれですか。

あ
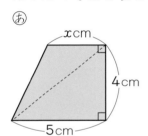

い
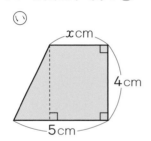

う
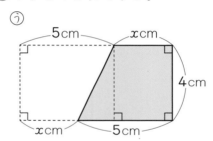

（　　　　　）

2 次の①～③の式は、右の絵のような形をした花だんの面積を表しています。①～③の式は、それぞれ下の⑦～⑦のどの図を表していますか。

教科書 40 ページ **1**

① $(8−5)×x＋8×(9−x)$

（　　　　　）

② $8×9−5×x$

（　　　　　）

③ $5×(9−x)＋(8−5)×9$

（　　　　　）

⑦
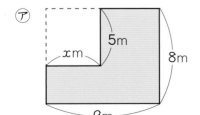

④
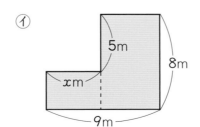

⑦
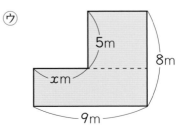

😊 ヒント　**1** ②　式の形から、三角形の面積と四角形の面積の和であることがわかります。

15

② 文字と式

教科書　30〜43 ページ　　答え　6〜7 ページ

知識・技能　　　　　　　　　　　　　　　　　　　　　／69点

1 よく出る x を使った式に表しましょう。　　　　　各5点(15点)

① 1000 円で x 円の買い物をしたら、おつりは 320 円でした。

（　　　　　　　　　　　　　　　）

② 底辺の長さが x cm、高さが 5 cm の平行四辺形の面積は、57.5 cm² です。

（　　　　　　　　　　　　　　　）

③ 20 g の箱に、1 個 x g のあめを 8 個入れたら、全体の重さは 140 g になりました。

（　　　　　　　　　　　　　　　）

2 よく出る x にあてはまる数を求めましょう。　　　各5点(30点)

① $x+15=63$　　　　② $x-23=40$　　　　③ $x×16=96$

（　　　　　）　　　　（　　　　　）　　　　（　　　　　）

④ $x÷7=13$　　　　⑤ $x+2.8=8$　　　　⑥ $x×4=7.6$

（　　　　　）　　　　（　　　　　）　　　　（　　　　　）

3 x を使った式を書き、x にあてはまる数を求めましょう。　式・x 各4点(24点)

① 今年 x さいの父親は、7 年後に 46 さいになります。

式 （　　　　　　　　　　　） $x=$（　　　　）

② x 個のみかんを 12 個食べると 24 個残ります。

式 （　　　　　　　　　　　） $x=$（　　　　）

③ 1 本 x mL のジュースが 4 本で 1400 mL になります。

式 （　　　　　　　　　　　） $x=$（　　　　）

思考・判断・表現　　　　　　　　　　　　　　　　　　　　　　　　　　　　　　／31点

4 りんごを同じ個数ずつ箱につめたら、6箱と5個になりました。　　各5点(15点)

① 1箱につめたりんごの個数を x 個として、全部の個数を表す式を書きましょう。

（　　　　　　　　　　　　　　）

② りんごは全部で77個ありました。このことを式に表しましょう。

（　　　　　　　　　　　　　　）

③ ②の式の x に9、10、11、…を入れて、全部の個数が77個になるときの x にあてはまる数を求めましょう。

（　　　　　　　　）

5 長さが x m のテープがあります。
次の①〜④の式は、下の⑦〜㋓のどの場面を表していますか。　　各4点(16点)

① $x+3$　　　　② $x-3$　　　　③ $x\times3$　　　　④ $x\div3$

（　　　　　）　（　　　　　）　（　　　　　）　（　　　　　）

⑦ x m のテープが3本あるときの全部の長さ。
㋑ x m のテープと3m のテープを合わせた長さ。
㋒ x m のテープを3人で同じ長さに分けたときの1人分の長さ。
㋓ x m のテープから3m 切り取ったときの残りのテープの長さ。

はってん x にあてはまる数は？　　　　　　　　　　　　教科書 **39ページ**

1 x にあてはまる数を求めましょう。

① $x\times6+7=85$

$x\times6=85-\boxed{⑦}$

$x\times6=\boxed{㋑}$

$x=\boxed{㋒}\div\boxed{㋓}$

$x=\boxed{㋔}$

$\boxed{+7=85}$
$\boxed{=85-7}$

$x\times6=○$
$x=○\div6$

①
◀ $x\times6$ を1つのわからない数と考えると、たし算の式になります。たし算の逆のひき算を使います。
◀続いて、かけ算の式から、x にあてはまる数を求めます。
今度は、かけ算の逆のわり算を使います。

② $x\times9+6=150$　　　　③ $7\times x-8=90$

ふりかえり **1** がわからないときは、12ページの**1 2**にもどって確認してみよう。

3 分数と整数のかけ算とわり算

① 分数×整数の計算

3分でまとめ

教科書 44〜49ページ ➡答え 7ページ

✏️ 次の □ にあてはまる数を書きましょう。

🎯ねらい 真分数×整数、仮分数×整数の計算ができるようにしよう。 練習◀❶❷

🐾 真分数や仮分数に整数をかける計算

　真分数や仮分数に整数をかける計算は、分母はそのまま
にして、分子にその整数をかけて計算します。

$$\frac{b}{a} \times c = \frac{b \times c}{a}$$

🐾 約分

　計算のと中で約分すると、計算が簡単になります。

$$\frac{1}{16} \times 8 = \frac{1 \times \overset{1}{8}}{\underset{2}{16}} = \frac{1}{2}$$

1 (1) $\frac{2}{7} \times 3$　(2) $\frac{2}{9} \times 6$　を計算しましょう。

解き方 (1) $\frac{2}{7}$ は $\frac{1}{7}$ の □① 個分です。

　$\frac{2}{7} \times 3$ は $\frac{2}{7}$ の □② 個分だから、$\frac{2}{7} \times 3$ は、$\frac{1}{7}$ の（□③ × □④）個分です。

　$\frac{2}{7} \times 3 = \frac{□⑤ \times □⑥}{7} = \frac{□⑦}{7}$

(2) $\frac{2}{9} \times 6 = \frac{2 \times 6}{9}\ {}^{□①}_{□②} = \frac{□③}{□④} = □⑤\frac{□⑥}{□⑦}$

計算のと中で
約分できるね。

🎯ねらい 帯分数×整数の計算ができるようにしよう。 練習◀❸❹

🐾 帯分数に整数をかける計算

　帯分数に整数をかける計算は、帯分数を
仮分数になおすと、これまでと同じように
計算できます。

$$1\frac{1}{5} \times 3 = \frac{6}{5} \times 3 = \frac{6 \times 3}{5} = \frac{18}{5} = 3\frac{3}{5}$$

2 $1\frac{3}{8} \times 4$ の計算をしましょう。

解き方 帯分数を仮分数になおして計算します。

$$1\frac{3}{8} \times 4 = \frac{□①}{8} \times 4 = \frac{□② \times 4\ {}^{□③}}{8\ {}_{□④}} = \frac{□⑤}{□⑥} = □⑦\frac{□⑧}{□⑨}$$

っ たり 2
練習

★ できた問題には、「た」をかこう！★
でき ① でき ② でき ③ でき ④

学習日 月 日

教科書 44〜49 ページ 答え 7〜8 ページ

1 1dL のペンキで、かべが $\frac{1}{5}$ m² ぬれます。

このペンキ3dL では、何 m² ぬれますか。

教科書 45 ページ **1**

(   )

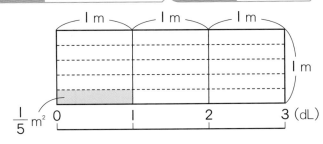

2 次の計算をしましょう。

教科書 47 ページ **1**・**2**

① $\frac{2}{9} \times 2$　　　② $\frac{2}{11} \times 4$　　　③ $\frac{7}{5} \times 8$

④ $\frac{1}{8} \times 6$　　　⑤ $\frac{7}{6} \times 3$　　　⑥ $\frac{2}{3} \times 9$

3 次の計算をしましょう。

教科書 48 ページ **3**

① $1\frac{2}{5} \times 7$　　　　　② $1\frac{5}{6} \times 3$

③ $2\frac{1}{3} \times 9$　　　　　④ $2\frac{5}{9} \times 6$

帯分数は仮分数に
なおすのね。

4 1本が $1\frac{3}{4}$ m のテープを、6本作ります。

テープは全部で何 m 必要ですか。

教科書 48 ページ **3**

(   )

ヒント **4** もし1本が2m のテープを6本作るとしたら、テープは (2×6) m
必要です。1本の長さが分数になっても同じように考えます。

教科書 50〜54ページ　答え 8ページ

✏ 次の□にあてはまる数を書きましょう。

◎ねらい 真分数÷整数、仮分数÷整数の計算ができるようにしよう。　練習①②

🐾 真分数や仮分数を整数でわる計算

真分数や仮分数を整数でわる計算は、分子はそのままにして、分母にその整数をかけて計算します。

$$\frac{b}{a} \div c = \frac{b}{a \times c}$$

🐾 約分

計算のと中で約分できるときは、約分すると、計算が簡単になります。

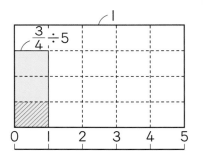

$$\frac{2}{3} \div 10 = \frac{\overset{1}{\cancel{2}}}{3 \times \underset{5}{\cancel{10}}} = \frac{1}{15}$$

1 (1) $\frac{3}{4} \div 5$　(2) $\frac{7}{9} \div 21$　を計算しましょう。

解き方 (1) $\frac{3}{4}$ を5等分して、右の図のように□で表します。

▨ は $\frac{1}{4 \times \boxed{①}}$ で、□は、これの3個分だから、

$$\frac{3}{4} \div 5 = \frac{3}{4 \times \boxed{②}} = \boxed{③} \quad です。$$

計算のと中で約分しよう。

(2) $\frac{7}{9} \div 21 = \frac{\overset{\boxed{①}}{\cancel{7}}}{9 \times \underset{\boxed{②}}{\cancel{21}}} = \frac{\boxed{③}}{\boxed{④}}$

◎ねらい 帯分数÷整数の計算ができるようにしよう。　練習③④

🐾 帯分数を整数でわる計算

帯分数を整数でわる計算は、帯分数を仮分数になおすと、これまでと同じように計算できます。

$$1\frac{1}{5} \div 3 = \frac{6}{5} \div 3 = \frac{\overset{2}{\cancel{6}}}{5 \times \underset{1}{\cancel{3}}} = \frac{2}{5}$$

2 $2\frac{1}{5} \div 2$ の計算をしましょう。

解き方 帯分数を仮分数になおして計算します。

$$2\frac{1}{5} \div 2 = \frac{\boxed{①}}{5} \div 2 = \frac{\boxed{②}}{5 \times 2}$$

$$= \frac{\boxed{③}}{10} = \boxed{④}\frac{\boxed{⑤}}{10}$$

仮分数になおすと、真分数÷整数と同じように計算できます。

教科書　50〜54 ページ　　答え　8〜9 ページ

1 $\frac{5}{8}$ m² のへいをぬるのに、ペンキを 3dL 使います。

このペンキでは、1dL あたり何 m² ぬれますか。

教科書　50 ページ **1**、52 ページ **2**

① 式を書きましょう。

（　　　　　　　）

② 1dL あたり何 m² ぬれるか、右の図に色をぬって、答え
を求めましょう。

（　　　　　　　）

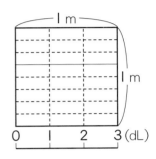

2 次の計算をしましょう。

教科書　52 ページ **2**、53 ページ **3**

① $\frac{7}{8} \div 4$

② $\frac{5}{6} \div 2$

③ $\frac{8}{5} \div 3$

④ $\frac{6}{7} \div 18$

⑤ $\frac{14}{15} \div 7$

⑥ $\frac{20}{13} \div 8$

3 次の計算をしましょう。

教科書　54 ページ **4**

① $1\frac{7}{10} \div 5$

② $2\frac{6}{11} \div 7$

③ $2\frac{2}{3} \div 12$

④ $6\frac{2}{3} \div 5$

📖 よくよんで

4 長さが 6m で、重さが $4\frac{2}{3}$ kg の鉄の棒があります。

この鉄の棒 1m あたりの重さは何 kg ですか。

教科書　54 ページ **4**

（　　　　　　　）

ヒント　④ 1m あたりの重さは、全体の重さ÷長さで求めます。

21

❸ 分数と整数のかけ算と
わり算

教科書 44〜57ページ　答え 9〜10ページ

知識・技能　　　　　　　　　　　　　　　　　　　　　　　　　　　　　　　／68点

1 □にあてはまる数を書きましょう。　　　　　　　　全部できて 1問4点(8点)

① $\dfrac{2}{9} \times 4 = \dfrac{2 \times \boxed{\text{⑦}}}{9} = \dfrac{\boxed{\text{⑦}}}{9}$

② $\dfrac{4}{5} \div 3 = \dfrac{4}{5 \times \boxed{\text{⑦}}} = \dfrac{4}{\boxed{\text{⑦}}}$

2 よく出る 次の計算をしましょう。　　　　　　　　　　　　　各5点(30点)

① $\dfrac{3}{7} \times 2$

② $\dfrac{3}{8} \times 5$

③ $\dfrac{5}{6} \times 4$

④ $\dfrac{10}{9} \times 12$

⑤ $1\dfrac{2}{5} \times 15$

⑥ $2\dfrac{4}{7} \times 14$

3 よく出る 次の計算をしましょう。　　　　　　　　　　　　　各5点(30点)

① $\dfrac{5}{8} \div 6$

② $\dfrac{2}{3} \div 3$

③ $\dfrac{4}{5} \div 2$

④ $\dfrac{9}{7} \div 6$

⑤ $7\dfrac{6}{7} \div 5$

⑥ $6\dfrac{4}{5} \div 10$

思考・判断・表現　　　　　　　　　　　　　　　　　　　　　　／32点

4 1日に $\frac{3}{5}$ 分進む時計があります。

この時計は10日間では、何分進みますか。　　　　　　　　式・答え 各4点(8点)

式

答え（　　　　　　　）

5 よく出る 1mの重さが $1\frac{1}{6}$ kgの鉄の棒があります。

この鉄の棒8mの重さは何kgですか。　　　　　　　　　式・答え 各4点(8点)

式

答え（　　　　　　　）

6 としおさんは、毎日同じ量の牛乳を飲みます。1週間で $\frac{14}{9}$ L飲みました。

1日に何L飲んだことになりますか。　　　　　　　　　　式・答え 各4点(8点)

式

答え（　　　　　　　）

7 よく出る 1m²のかべをぬるのに、3dLのペンキを使いました。

$7\frac{4}{5}$ dLのペンキを使うと、何m²のかべをぬれますか。　　　式・答え 各4点(8点)

式

答え（　　　　　　　）

ふりかえり ❶がわからないときは、18ページの❶、20ページの❶にもどって確認してみよう。

付録の「計算せんもんドリル」①〜④もやってみよう！

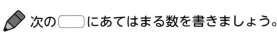

ぴったり1 準備

④ 分数×分数

① **分数×分数の計算－(1)**

学習日　　月　　日

教科書　60〜65ページ　　答え　10ページ

✏ 次の ☐ にあてはまる数を書きましょう。

◎ねらい　分数×分数の計算のしかたを理解しよう。　　練習 ①②③

🐾 **真分数のかけ算**

真分数に真分数をかける計算は、分母どうし、分子どうしをかけて計算します。

$$\frac{b}{a} \times \frac{d}{c} = \frac{b \times d}{a \times c}$$

1 　1 dL あたり $\frac{2}{3}$ m² ぬれるペンキがあります。このペンキ $\frac{1}{5}$ dL では、何 m² ぬれますか。

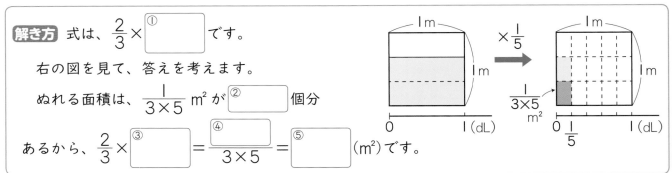

解き方　式は、$\frac{2}{3} \times$ ☐① です。

右の図を見て、答えを考えます。

ぬれる面積は、$\frac{1}{3 \times 5}$ m² が ☐② 個分

あるから、$\frac{2}{3} \times$ ☐③ $= \frac{☐④}{3 \times 5} =$ ☐⑤ (m²) です。

2 　(1) $\frac{2}{7} \times \frac{3}{5}$　(2) $\frac{3}{8} \times \frac{5}{4}$　を計算しましょう。

解き方　(2)のように、分数が仮分数のときも分母どうし、分子どうしをかけて計算します。

(1) $\frac{2}{7} \times \frac{3}{5} = \frac{2 \times ☐①}{7 \times ☐②} = $ ☐③　　　　(2) $\frac{3}{8} \times \frac{5}{4} = \frac{3 \times ☐①}{8 \times ☐②} = $ ☐③

◎ねらい　帯分数や整数をふくむかけ算を考えてみよう。　　練習 ③

🐾 **帯分数や整数をふくむかけ算**

分数のかけ算では、帯分数は仮分数になおして計算します。また、整数と分数のかけ算では、整数を分数の形になおすと、分数×分数の計算になります。

3 　(1) $2\frac{4}{5} \times 3\frac{1}{7}$　(2) $4 \times \frac{3}{5}$　を計算しましょう。

と中で約分すると計算が簡単になるよ。

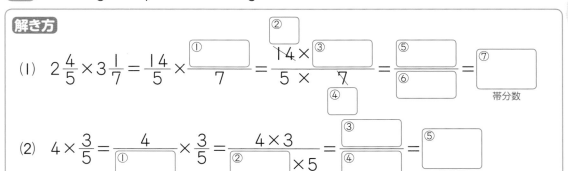

解き方

(1) $2\frac{4}{5} \times 3\frac{1}{7} = \frac{14}{5} \times \frac{☐①}{7} = \frac{14 \times ☐③}{5 \times ☐④ 7} = \frac{☐⑤}{☐⑥} = $ ☐⑦ 　　☐②　　帯分数

(2) $4 \times \frac{3}{5} = \frac{4}{☐①} \times \frac{3}{5} = \frac{4 \times 3}{☐② \times 5} = \frac{☐③}{☐④} = $ ☐⑤ 　帯分数

24

★ できた問題には、「た」をかこう！★
😊 でき ① 😊 でき ② 😊 でき ③

教科書 60〜65 ページ ▶ 答え 10 ページ

1 1dL あたり $\frac{2}{3}$ m² ぬれるペンキ $\frac{4}{5}$ dL では、何 m² ぬれるか考えます。

□ にあてはまる数を書きましょう。

教科書 61 ページ 1、62 ページ 2

① 式を書きましょう。 $\frac{2}{3} \times$ □

② 右の図を見て、答えを考えましょう。

ぬれる面積は、$\frac{1}{3 \times 5}$ m² が $\left(2 \times \boxed{^{ア}}\right)$ 個

あるから、

$\frac{2}{3} \times \boxed{^{イ}} = \frac{2 \times \boxed{^{ウ}}}{3 \times \boxed{^{エ}}} = \boxed{^{オ}}$ (m²) です。

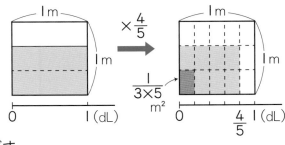

2 次の計算をしましょう。

教科書 64 ページ 3

① $\frac{1}{2} \times \frac{3}{4}$

② $\frac{2}{5} \times \frac{8}{9}$

③ $\frac{7}{6} \times \frac{5}{8}$

④ $\frac{4}{3} \times \frac{10}{7}$

3 次の計算をしましょう。

教科書 65 ページ 4

① $\frac{2}{5} \times \frac{5}{6}$

② $\frac{10}{21} \times \frac{12}{25}$

③ $3\frac{3}{8} \times \frac{4}{9}$

④ $2\frac{2}{9} \times 2\frac{5}{8}$

⑤ $4 \times \frac{2}{9}$

⑥ $\frac{5}{6} \times 8$

● ヒント ③ ③④ 分数のかけ算では、帯分数は仮分数になおして計算します。
⑤⑥ 整数を分数の形になおすと、分数×分数の計算になります。

4 分数×分数
① 分数×分数の計算−(2)
② いろいろな計算

✎ 次の□にあてはまる数やことばを書きましょう。

◎ねらい　積の大きさについて理解しよう。　　　　　練習❶❷

🐾 積の大きさ

かける数が｜より大きい分数のとき、積は、かけられる数より大きくなります。
かける数が｜より小さい分数のとき、積は、かけられる数より小さくなります。
かける数が｜のとき、積は、かけられる数と同じになります。

1 $5 \times \dfrac{2}{3}$ を計算しましょう。また、積は5より大きいですか。小さいですか。

解き方 5を分数の形になおして、分数×分数の計算をします。

$$5 \times \frac{2}{3} = \frac{5}{\boxed{①}} \times \frac{2}{3} = \frac{\boxed{②}}{\boxed{③}} = 3\boxed{④}$$

かける数と積の大きさの
関係は小数のかけ算の
ときと同じだね。

この積は、かけられる数の5より $\boxed{⑤}$ です。

◎ねらい　いろいろな計算ができるようにしよう。　　　練習❸❹

🐾 3つ以上の分数のかけ算

3つ以上の分数のかけ算は、分母どうし、分子どうしまとめて計算できます。

🐾 面積や体積

面積や体積は辺の長さが分数のときも、公式にあてはめて求めることができます。

2 $\dfrac{3}{4} \times \dfrac{4}{5} \times \dfrac{1}{6}$ を計算しましょう。

解き方 分母どうし、分子どうしをまとめます。と中で約分できるときは、約分します。

$$\frac{3}{4} \times \frac{4}{5} \times \frac{1}{6} = \frac{3 \times 4 \times 1}{4 \times 5 \times 6} = \frac{\boxed{⑤}}{\boxed{⑥}}$$

（分子に ①②、分母に ③④ の記入欄）

3 右の図で、(1)の長方形の面積、(2)の立方体の体積をそれぞれ求めましょう。

解き方 (1) $\boxed{①} \times \boxed{②} = \boxed{③}$ (cm²)
　　　　　　　　たて縦　　　横

(2) $\boxed{①} \times \boxed{②} \times \boxed{③} = \boxed{④}$ (m³)
　　　｜辺　　　｜辺　　　｜辺

(1)
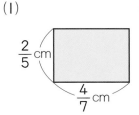
$\dfrac{2}{5}$ cm
$\dfrac{4}{7}$ cm

(2)
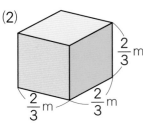
$\dfrac{2}{3}$ m
$\dfrac{2}{3}$ m
$\dfrac{2}{3}$ m

ったり 2
練習

★ できた問題には、「た」をかこう！★
でき ① でき ② でき ③ でき ④

学習日　月　日

教科書 66〜68ページ　答え 11ページ

1 1L あたり6m² ぬれるペンキがあります。□ にあてはまる数を書きましょう。

教科書 66ページ **5**

① このペンキ1$\frac{1}{2}$L、$\frac{2}{3}$L でぬれる面積をそれぞれ求めましょう。

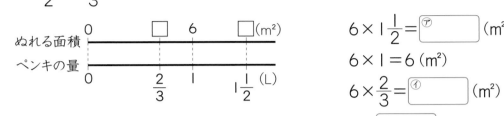

ぬれる面積
ペンキの量

$6 \times 1\frac{1}{2} = $ ⑦ ☐ (m²)

$6 \times 1 = 6$ (m²)

$6 \times \frac{2}{3} = $ ① ☐ (m²)

② $6 \times 1\frac{1}{2}$ と、$6 \times \frac{2}{3}$ の式で、積が6より小さくなるのは、$6 \times$ ☐ です。

2 次の⑦〜㋑のうち、積が$\frac{5}{6}$より小さくなるものを選びましょう。

教科書 66ページ **5**

⑦ $\frac{5}{6} \times \frac{3}{4}$　　① $\frac{5}{6} \times 1\frac{1}{5}$　　㋒ $\frac{5}{6} \times \frac{5}{6}$　　㋑ $\frac{5}{6} \times \frac{9}{7}$

（　　　　　）

3 次の計算をしましょう。

教科書 67ページ **1**

① $\frac{3}{5} \times \frac{4}{7} \times \frac{5}{8}$　　　② $3 \times \frac{7}{10} \times \frac{5}{9}$

4 ①の平行四辺形の面積、②の直方体の体積をそれぞれ求めましょう。

教科書 67ページ **2**

①
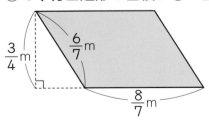
$\frac{3}{4}$m　$\frac{6}{7}$m　$\frac{8}{7}$m

②
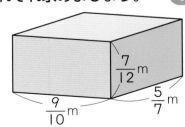
$\frac{7}{12}$m　$\frac{9}{10}$m　$\frac{5}{7}$m

（　　　　　）　　　　　（　　　　　）

ヒント　**4** ① 平行四辺形の面積＝底辺×高さ
② 直方体の体積＝縦×横×高さ

準備

④ 分数×分数
③ 計算のきまり
④ 逆数

教科書　69〜70ページ　　答え　11ページ

✏️ 次の□にあてはまる数を書きましょう。

🎯 ねらい　分数のときも計算のきまりが使えることを確かめて使ってみよう。　練習 ① ②

🐾 **計算のきまり**

分数でも、整数や小数のときに成り立った計算のきまりは成り立ちます。

㋐　$a×b＝b×a$　（交かんのきまり）　　　㋑　$(a×b)×c＝a×(b×c)$　（結合のきまり）

㋒　$(a＋b)×c＝a×c＋b×c$
㋓　$(a－b)×c＝a×c－b×c$　} （分配のきまり）

1 結合のきまり　㋑　$(a×b)×c＝a×(b×c)$　が成り立つことを、

$a＝\dfrac{2}{5}$, $b＝\dfrac{1}{6}$, $c＝1\dfrac{1}{2}$ として、計算して確かめましょう。

【解き方】 $\left(\dfrac{2}{5}×\dfrac{1}{6}\right)×1\dfrac{1}{2}＝\dfrac{2×1}{5×6}×1\dfrac{1}{2}＝\dfrac{①\boxed{}}{15}×\dfrac{②\boxed{}}{2}＝③\boxed{}$

$\dfrac{2}{5}×\left(\dfrac{1}{6}×1\dfrac{1}{2}\right)＝\dfrac{2}{5}×\left(\dfrac{1}{6}×\dfrac{④\boxed{}}{2}\right)＝\dfrac{2}{5}×\dfrac{⑤\boxed{}}{4}＝⑥\boxed{}$

③と⑥の答えが同じになるから、分数のときでも、$(a×b)×c＝a×(b×c)$ が成り立ちます。

🎯 ねらい　逆数の意味を理解しよう。　練習 ③ ④

🐾 **逆数**

2つの数の積が1になるとき、一方の数を、もう一方の数の
逆数といいます。

分数の逆数は、分母と分子を入れかえた分数になります。

2 次の数の逆数を求めましょう。

(1)　$1\dfrac{1}{2}$　　　　　(2)　0.3　　　　　(3)　2

【解き方】 整数や小数の逆数を考えるときは、それらを分数の形に表します。

(1)　$1\dfrac{1}{2}$ を仮分数にすると、$\dfrac{①\boxed{}}{2}$ だから、$1\dfrac{1}{2}$ の逆数は、$②\boxed{}$ です。

(2)　0.3 を分数にすると、$\dfrac{①\boxed{}}{10}$ だから、0.3 の逆数は、$②\boxed{}$ です。

(3)　2 を分数にすると、$\dfrac{①\boxed{}}{1}$ だから、2 の逆数は、$②\boxed{}$ です。

真分数や仮分数なら、分母と分子を入れかえればいいね。

📖 教科書　69〜70 ページ　　📱 答え　11〜12 ページ

1 次の □ にあてはまる数を書きましょう。

教科書 69 ページ **1**

① $\dfrac{5}{7} \times \dfrac{4}{9} = \boxed{} \times \dfrac{5}{7}$

② $\left(\dfrac{7}{8} \times \dfrac{9}{10}\right) \times \dfrac{2}{3} = \dfrac{7}{8} \times \left(\boxed{} \times \dfrac{2}{3}\right)$

③ $\left(\dfrac{4}{5} + \dfrac{5}{6}\right) \times \boxed{} = \dfrac{4}{5} \times \dfrac{3}{8} + \dfrac{5}{6} \times \dfrac{3}{8}$

④ $\left(\dfrac{3}{4} - \dfrac{7}{10}\right) \times 20 = \dfrac{3}{4} \times 20 - \dfrac{7}{10} \times \boxed{}$

2 分配のきまり $(a+b) \times c = a \times c + b \times c$ を使って、次の計算をしましょう。と中の式も書きましょう。

教科書 69 ページ **1**

① $\dfrac{2}{7} \times \dfrac{4}{5} + \dfrac{3}{7} \times \dfrac{4}{5}$

② $\left(\dfrac{5}{6} + \dfrac{3}{8}\right) \times 3\dfrac{3}{7}$

3 1 から 9 までの整数のうちで、次の □ にあてはまる数を書きましょう。

教科書 70 ページ **1**

① $\dfrac{4}{5} \times \dfrac{\boxed{⑦}}{\boxed{⑦}} = 1$

② $\dfrac{\boxed{⑦}}{7} \times \dfrac{\boxed{⑦}}{3} = 1$

4 次の数の逆数を求めましょう。

教科書 70 ページ **1**・**2**

① $\dfrac{5}{7}$ （　　　　　）

② $\dfrac{11}{4}$ （　　　　　）

③ $\dfrac{1}{3}$ （　　　　　）

④ $1\dfrac{2}{5}$ （　　　　　）

⑤ 0.7 （　　　　　）

⑥ 7 （　　　　　）

 ヒント　**4** ④⑤⑥　帯分数、小数、整数の逆数を考えるときは、まず仮分数や真分数になおします。

④ 分数×分数

時間 **30**分

／100

合格 **80**点

| 教科書 | 60〜73 ページ | 答え | 12〜13 ページ |

知識・技能

／68点

1 よく出る 次の計算をしましょう。　　　各4点（32点）

① $\dfrac{1}{6} \times \dfrac{5}{7}$

② $\dfrac{2}{5} \times \dfrac{8}{9}$

③ $\dfrac{3}{2} \times \dfrac{5}{8}$

④ $\dfrac{4}{3} \times \dfrac{7}{5}$

⑤ $\dfrac{2}{3} \times \dfrac{9}{11}$

⑥ $\dfrac{3}{4} \times \dfrac{2}{15}$

⑦ $3 \times \dfrac{7}{12}$

⑧ $6 \times \dfrac{5}{4}$

2 よく出る 次の計算をしましょう。　　　各4点（16点）

① $1\dfrac{4}{5} \times \dfrac{1}{3}$

② $\dfrac{3}{8} \times 2\dfrac{2}{7}$

③ $2\dfrac{1}{7} \times 1\dfrac{5}{9}$

④ $1\dfrac{9}{16} \times 1\dfrac{13}{15}$

3 次の計算をしましょう。　　　各4点（8点）

① $\dfrac{5}{8} \times \dfrac{4}{9} \times \dfrac{3}{10}$

② $\dfrac{6}{7} \times 4 \times \dfrac{7}{12}$

4 次の数の逆数を求めましょう。　　　　　　　　　　　　　　　　各4点(12点)

① $\frac{8}{7}$　　　　　　② 9　　　　　　③ 1.2

（　　　　　）　　　（　　　　　）　　　（　　　　　）

思考・判断・表現　　　　　　　　　　　　　　　　　　　　　　／32点

5 次の⑥～⑤のうち、積が $\frac{4}{5}$ より大きくなるのはどれですか。　　(4点)

⑥ $\frac{4}{5} \times 1\frac{1}{3}$　　　　○ $\frac{4}{5} \times \frac{2}{3}$　　　　⑤ $\frac{4}{5} \times \frac{4}{5}$　　　　② $\frac{4}{5} \times \frac{6}{5}$

（　　　　　）

6 計算のきまりを使って計算しましょう。と中の式も書きましょう。　各5点(10点)

① $\frac{7}{11} \times \frac{5}{9} + \frac{7}{11} \times \frac{4}{9}$　　　　② $\frac{8}{7} \times \frac{4}{5} - \frac{3}{7} \times \frac{4}{5}$

7 1Lの重さが $\frac{5}{6}$ kgの米があります。この米 $1\frac{4}{5}$ Lの重さは何kgになりますか。

式・答え　各4点(8点)

式

答え（　　　　　）

8 次の図形の面積を求めましょう。　　　　　　　　　　　　　　各5点(10点)

① 台形

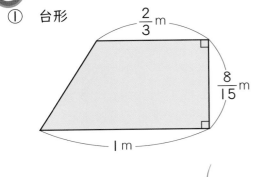

②

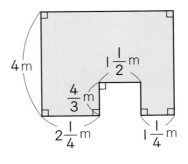

（　　　　　）　　　　　　　　　　　　（　　　　　）

ふりかえり　❶がわからないときは、24ページの❶❷にもどって確認してみよう。

付録の「計算せんもんドリル」⑤～⑩もやってみよう！

⑤ 分数÷分数

① **分数÷分数の計算－(1)**

 次の◯にあてはまる数を書きましょう。

◎ねらい **分数÷分数の計算のしかたを理解しよう。**

練習 ① ② ③ ④

🐾 **真分数÷真分数の計算**

真分数を真分数でわる計算は、わる数の逆数をかけて計算します。

$$\frac{b}{a} \div \frac{d}{c} = \frac{b}{a} \times \frac{c}{d}$$

1 $\frac{3}{5} \div \frac{2}{3}$ の計算のしかたを考えましょう。

解き方 わり算では、わられる数とわる数の両方に同じ数をかけても商は同じになります。

わる数 $\frac{2}{3}$ の逆数を、わられる数とわる数にかけると、

$$\frac{3}{5} \div \frac{2}{3} = \left(\frac{3}{5} \times \frac{3}{2} \right) \div \left(\frac{2}{3} \times \frac{\boxed{①}}{\boxed{②}} \right)$$

$$= \frac{3}{5} \times \frac{3}{2} \div \boxed{③}$$

$$= \frac{3}{5} \times \frac{3}{2} = \frac{3 \times 3}{5 \times 2} = \frac{\boxed{④}}{\boxed{⑤}}$$

└ わる数 $\frac{2}{3}$ の逆数のかけ算。

> わり算のきまりと逆数を使っているね。わる数が1になったよ。

2 次の計算をしましょう。

(1) $\frac{3}{5} \div \frac{5}{4}$

(2) $6 \div \frac{2}{7}$

(3) $3\frac{3}{4} \div 4\frac{1}{2}$

解き方 (1) 仮分数のわり算も、わる数の逆数をかけて計算します。

$$\frac{3}{5} \div \frac{5}{4} = \frac{3}{5} \times \frac{\boxed{①}}{\boxed{②}} = \frac{3 \times \boxed{③}}{5 \times \boxed{④}} = \frac{\boxed{⑤}}{\boxed{⑥}}$$

(2) 整数を分数の形になおすと、分数÷分数の計算になります。

$$6 \div \frac{2}{7} = \frac{6}{1} \times \frac{\boxed{①}}{\boxed{②}} = \frac{\overset{\boxed{③}}{6} \times \boxed{④}}{1 \times \underset{\boxed{⑤}}{2}} = \boxed{⑥}$$

> と中で約分できるときは約分しよう。

(3) 帯分数は仮分数になおして計算します。

$$3\frac{3}{4} \div 4\frac{1}{2} = \frac{\boxed{①}}{4} \div \frac{\boxed{②}}{2}$$

$$= \frac{\boxed{③}}{4} \times \frac{2}{\boxed{④}} = \frac{\boxed{⑤}}{\boxed{⑥}}$$

★ できた問題には、「た」をかこう！★
でき ① でき ② でき ③ でき ④

学習日　月　日

教科書　74～80 ページ　答え　13 ページ

1 次の計算をしましょう。　　　　　　　　　　　　教科書　75 ページ **1**、78 ページ **2**

① $\dfrac{1}{8} \div \dfrac{5}{9}$

② $\dfrac{6}{7} \div \dfrac{3}{2}$

③ $36 \div \dfrac{9}{7}$

④ $\dfrac{10}{21} \div \dfrac{5}{14}$

2 次の計算をしましょう。　　　　　　　　　　　　教科書　79 ページ **3**

① $2\dfrac{1}{4} \div \dfrac{3}{5}$

② $\dfrac{7}{9} \div 4\dfrac{2}{3}$

③ $10 \div 3\dfrac{4}{7}$

④ $6\dfrac{2}{5} \div 2\dfrac{2}{15}$

3 $1\dfrac{1}{5}$ L のジュースがあります。このジュースを、1 回に $\dfrac{3}{10}$ L ずつ飲むと、何回飲めますか。

教科書　80 ページ **4**

(　　　　　　)

4 面積が 6 m² の長方形があります。縦の長さは、$1\dfrac{4}{5}$ m です。

横の長さは何 m ですか。　　　　教科書　80 ページ **4**

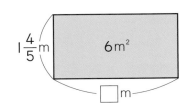

(　　　　　　)

ヒント
3 全体の量÷1 回あたりの量＝回数
4 横の長さ＝長方形の面積÷縦の長さ

5 分数÷分数

① **分数÷分数の計算−(2)**
② **どんな式になるかな**

教科書　81〜82ページ　答え　14ページ

✏ 次の◯◯にあてはまる数やことばを書きましょう。

◎ねらい　商の大きさについて理解しよう。　　　　練習 ❶

🐾 **商の大きさ**

わる数が1より大きい分数のとき、商は、わられる数より小さくなります。
わる数が1より小さい分数のとき、商は、わられる数より大きくなります。
わる数が1のとき、商は、わられる数と同じになります。

1 $9 \div \frac{3}{4}$ を計算しましょう。また、商は9より大きいですか。小さいですか。

解き方 $9 \div \frac{3}{4} = 9 \times \dfrac{①\boxed{}}{②\boxed{}} = \dfrac{③\boxed{}}{1} \times \dfrac{④\boxed{}}{⑤\boxed{}}$

$= ⑥\boxed{}$ なので、わられる数の9より ⑦$\boxed{}$ です。

わる数と商の大きさの関係は小数のわり算のときと同じだね。

◎ねらい　どんな式になるかを考えよう。　　　　練習 ❷❸❹❺

🐾 **どんな式になるかな**

単位量あたりの大きさ＝全部の大きさ÷いくつ分をもとにして考えます。

2 長さが $\frac{4}{5}$ mで、重さが $\frac{8}{3}$ kgの鉄の棒があります。この棒1mの重さは何kgですか。

解き方　1mあたりの重さだから、

単位量あたりの大きさ＝全部の大きさ÷いくつ分

1mあたりの重さは、

①$\boxed{}$ ÷ ②$\boxed{}$ = ③$\boxed{}$ (kg)

3 へいにペンキをぬっています。1m²あたり $\frac{4}{3}$ dLのペンキを使います。$\frac{9}{4}$ m²ぬるには、何dLのペンキが必要ですか。

解き方　全部の大きさ＝単位量あたりの大きさ×いくつ分
　　　必要なペンキの量は、全部の大きさにあたるから、

単位量あたり　いくつ分
①$\boxed{}$ × ②$\boxed{}$ = ③$\boxed{}$ (dL)

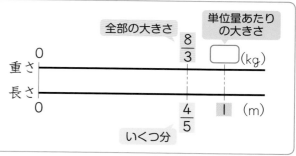

📖 教科書 81〜82ページ　📄 答え 14ページ

① 商が6より大きくなるもの、小さくなるものを、それぞれ答えましょう。

教科書 81ページ 5

㋐ $6 \div \dfrac{5}{4}$　　　㋑ $6 \div \dfrac{5}{6}$　　　㋒ $6 \div 2\dfrac{1}{2}$　　　㋓ $6 \div \dfrac{12}{13}$

大きくなるもの （　　　　　）

小さくなるもの （　　　　　）

② 油 $\dfrac{2}{3}$ L の重さをはかったら、$\dfrac{10}{21}$ kg ありました。この油1Lの重さは何kgですか。

教科書 82ページ 1

式

答え （　　　　　）

③ $1\dfrac{3}{4}$ m² の板の重さをはかったら、$4\dfrac{2}{3}$ kg でした。この板1m²の重さは何kgですか。

教科書 82ページ 1

式

答え （　　　　　）

④ 1m² の花だんに水をまくのに、水を $\dfrac{7}{10}$ L 使います。$\dfrac{4}{7}$ m² の花だんに水をまくとすると、何Lの水が必要ですか。

教科書 82ページ 1

式

答え （　　　　　）

⑤ 長さが1mで、重さが $13\dfrac{1}{2}$ g の針金があります。この針金 $\dfrac{4}{9}$ m の重さは何gですか。

教科書 82ページ 1

式

答え （　　　　　）

🎵 ●ヒント　②③ 単位量あたりの大きさ＝全部の大きさ÷いくつ分
　　　　　　　④⑤ 全部の大きさ＝単位量あたりの大きさ×いくつ分

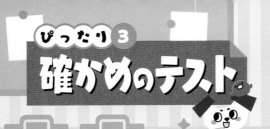

ぴったり③ 確かめのテスト

⑤ 分数÷分数

時間 **30** 分

/100

合格 **80** 点

教科書 74〜85 ページ　答え 14〜15 ページ

知識・技能 /70点

1 よく出る 次の計算をしましょう。　各4点(16点)

① $\frac{5}{9} \div \frac{4}{7}$

② $\frac{2}{3} \div \frac{3}{4}$

③ $14 \div \frac{7}{9}$

④ $\frac{2}{5} \div \frac{3}{5}$

2 よく出る 次の計算をしましょう。　各4点(24点)

① $2\frac{5}{8} \div \frac{3}{4}$

② $\frac{3}{8} \div 2\frac{2}{5}$

③ $1\frac{2}{3} \div 2\frac{1}{2}$

④ $3\frac{5}{6} \div 3\frac{2}{7}$

⑤ $1\frac{13}{14} \div 1\frac{7}{8}$

⑥ $3\frac{8}{9} \div 8\frac{1}{6}$

3 油が $7\frac{1}{2}$ L あります。この油を $\frac{3}{4}$ L ずつびんにつめると、何本のびんにつめることができますか。

式・答え 各5点(10点)

式

答え（

36

4 $\frac{5}{18}$ m² のアルミ板の重さを量ったら、$\frac{3}{4}$ kg でした。このアルミ板 1 m² の重さは何 kg ですか。

式・答え 各5点(10点)

式

答え（　　　　　）

5 赤いひもが $2\frac{4}{5}$ m あります。この長さは、青いひもの $\frac{7}{25}$ にあたります。青いひもの長さは何 m ですか。

式・答え 各5点(10点)

式

答え（　　　　　）

思考・判断・表現　　　　　　　　　　　／30点

6 次の⑦～㋓のうち、商が、$\frac{3}{7}$ より大きくなるのはどれですか。(10点)

⑦ $\frac{3}{7} \div 1\frac{1}{3}$　　　　㋑ $\frac{3}{7} \div \frac{4}{5}$　　　　㋒ $\frac{3}{7} \div \frac{5}{4}$　　　　㋓ $\frac{3}{7} \div \frac{3}{10}$

（　　　　　）

7 面積が 8 cm² の平行四辺形があります。底辺の長さは、$3\frac{1}{3}$ cm です。高さは何 cm ですか。(10点)

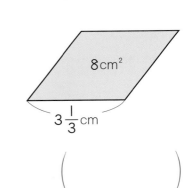

（　　　　　）

できたらスゴイ！

8 赤いペンキは $\frac{3}{4}$ m² のへいをぬるのに $\frac{2}{5}$ dL 使います。青いペンキは $\frac{3}{7}$ m² のへいをぬるのに $\frac{1}{5}$ dL 使います。同じ面積のへいをぬるとき、赤いペンキの量は青いペンキの量の何倍になりますか。(10点)

（　　　　　）

ふりかえり　❶ がわからないときは、32 ページの ❶ ❷ にもどって確認してみよう。

付録の「計算せんもんドリル」⑪～⑭ もやってみよう！

教科書　86〜89ページ　　答え　16ページ

✏ 次の□にあてはまる数やことばを書きましょう。

◎ねらい 平均値を求められるようにしよう。　　　練習 ① ②

🐾平均値　これまでに学習した平均のことを、**平均値**といいます。

平均値＝データの値の合計÷データの個数

1 次の表は、1組A班15人の20点満点の算数のテストの得点を表したものです。

A班のテストの得点　　　　　　　　(点)

10	15	8	12	10	9	18	16	10	11	17	10	19	8	16

(1) 平均値を求めましょう。　　　(2) 最高得点、最低得点はそれぞれ何点ですか。

解き方 (1) 得点の合計は ①□ 点なので、平均値は、②□ ÷ ③□ ＝ ④□(点)

(2) 得点を次の図のように表しました。線の下に書かれている数は ①□ を表し、●の数は

②□ を表します。A班の最高得点は ③□ 点、最低得点は ④□ 点です。

A班のテストの得点

6 7 8 9 10 11 12 13 14 15 16 17 18 19 20 (点)

◎ねらい ドットプロットについて理解しよう。　　　練習 ②

🐾ドットプロット　上のようなグラフを、**ドットプロット**といいます。

縦を見るとデータの数がわかり、横を見るとデータのちらばりのようすがわかります。

2 1組B班16人の20点満点の算数のテストの得点を、ドットプロットに表しました。
平均値、最高得点、最低得点をそれぞれ求めましょう。

B班のテストの得点

6 7 8 9 10 11 12 13 14 15 16 17 18 19 20 (点)

解き方 得点の合計を、「得点×人数」の和で求めます。

得点の合計は ①□ 点なので、平均値は、②□ ÷ ③□ ＝ ④□(点)

また、最高得点は ⑤□ 点、最低得点は ⑥□ 点です。

教科書 86〜89 ページ　答え 16 ページ

1 38 ページのＡ班のテストの得点とＢ班のテストの得点について、次の◯◯にあてはまる記号を書きましょう。　教科書 87 ページ **1**、89 ページ **2**

① 平均値が大きいのは、◯◯◯班です。

② 最高得点を出した人は、◯◯◯班にいます。

③ 得点のちらばり方が大きいのは、◯◯◯班です。

2 次の表は、6 年 1 組の 19 人と、6 年 2 組の 18 人が、6 年生になってから読んだ本の冊数（さっすう）を調べてまとめたものです。　教科書 87 ページ **1**、89 ページ **2**

1組の読んだ本の冊数 （冊）

8	9	4	8	9	3	12	4	15	17	7	20	4	8	6	9	16	9	3

2組の読んだ本の冊数 （冊）

4	11	3	8	12	5	9	3	10	2	18	11	3	15	7	11	11	10

① それぞれの組の冊数をドットプロットに表しましょう。

1組の読んだ本の冊数

2　3　4　5　6　7　8　9　10　11　12　13　14　15　16　17　18　19　20（冊）

2組の読んだ本の冊数

2　3　4　5　6　7　8　9　10　11　12　13　14　15　16　17　18　19　20（冊）

② それぞれの組の冊数の平均値を求めましょう。平均値が大きいのはどちらの組ですか。

1組（　　　）　2組（　　　）

大きい組（　　　）

ヒント　**2** ② 冊数の合計は、①の結果の図で、同じ値をかけ算で計算してもよいです。（1組）3×2＋4×3＋6＋7＋…

6 資料の整理

①　代表値ー(2)

教科書　90〜91 ページ　　答え　16 ページ

✏ 次の □ にあてはまる数を書きましょう。

◎ねらい　最頻値、中央値と代表値について理解しよう。　　　　練習 ① ②

🐾 **最頻値**

データの中で、もっとも多く現れた値を**最頻値**といいます。

🐾 **中央値**

データを大きさの順にならべかえたときに、ちょうど真ん中に位置する値のことを**中央値**といいます。中央値は、次のように求められます。

- データの数が奇数のとき…ちょうど真ん中の値。
- データの数が偶数のとき…中央にならぶ2つの値の平均値。

🐾 **代表値**

平均値や、最頻値、中央値のように、データを代表する値のことを、**代表値**といいます。

1 38 ページの **1**、**2** のドットプロットを見て、A班、B班それぞれの最頻値を求めましょう。

解き方 もっとも人数が多い得点、つまり、ドット●がもっとも多い得点が最頻値です。

A班の最頻値は [①□] 点、B班の最頻値は [②□] 点です。

2 38 ページの **1** のA班のデータを大きさの順にならべかえて、中央値を求めましょう。

解き方 ドットプロットを利用すると、ならべかえやすくなります。

データの値は、小さい方から順に、

8、8、9、10、10、10、[①□]、[②□]、[③□]、15、16、16、17、18、19（点）

A班の中央値は、A班のデータの数が [④□]（奇数）なので、ちょうど真ん中の [⑤□] 番目の値で、[⑥□] 点です。

3 38 ページの **2** のB班の得点のドットプロットをもとに、データを大きさの順にならべかえて、中央値を求めましょう。

解き方 データの値は、小さい方から順に、

7、8、9、9、10、10、[①□]、[②□]、[③□]、14、14、14、14、17、18、20（点）

B班の中央値は、B班のデータの数が [④□]（偶数）なので、中央にならぶ [⑤□] 番目の値 [⑥□] 点と、[⑦□] 番目の値 [⑧□] 点の平均値で、[⑨□] 点です。

教科書 90〜91 ページ　答え 16 ページ

1 39 ページ ❷ の、6年1組と6年2組の6年生になってから読んだ本の冊数(さっすう)のデータについて、次の問いに答えましょう。　　　教科書 90 ページ▶、91 ページ❷

① 1組のデータの最頻値、中央値をそれぞれ求めましょう。

最頻値 (　　　　　　　)　中央値 (　　　　　　　)

② 2組のデータの最頻値、中央値をそれぞれ求めましょう。

最頻値 (　　　　　　　)　中央値 (　　　　　　　)

③ ①、②の結果から、よしきさんは、「2組の人のほうがよく本を読んでいるといえる」と考えました。よしきさんがこのように考えた理由を説明しましょう。

(　　　　　　　　　　　　　　　　　　　　　　　　　　　　)

2 次の表は、6年1組の20人の反復横とびの結果をまとめたものです。　教科書 90 ページ▶

1組の反復横とびの記録　　　　　　　　　　　　(点)

40	39	45	38	52	35	51	36	42	45
36	49	34	43	45	40	38	43	56	37

① 上の表を、ドットプロットで表しましょう。

1組の反復横とびの記録

―――――――――――――――――――――――――――――――――――――――
30 31 32 33 34 35 36 37 38 39 40 41 42 43 44 45 46 47 48 49 50 51 52 53 54 55 56 57 58 59 60 (点)

② 最頻値、中央値を求めましょう。

最頻値 (　　　　　　　)　中央値 (　　　　　　　)

 ヒント

❶ ①② データの数が奇数のとき、中央値はちょうど真ん中の値、偶数のとき、中央の2つの値の平均値です。

⑥ 資料の整理

② 度数分布表と柱状グラフ

教科書 92〜95 ページ　答え 17 ページ

✏️ 次の◯にあてはまる数を書きましょう。

◎ねらい　度数分布表からちらばりのようすが読み取れるようにしよう。　練習 ①②

🐾 度数分布表

　切れ目のない量のデータのちらばりのようすを右のような表にまとめたとき、時間が「10分以上15分未満」のような区間（区切り）を**階級**といい、「5分」のような区間（区切り）の大きさを**階級の幅**といいます。

　また、階級ごとに数えたデータの個数を階級の**度数**といい、右の表のように、階級や度数で資料の分布を表している表を**度数分布表**といいます。

表　6年1組の通学時間

時間（分）	人数（人）
5以上〜10未満	2
10　〜15	7
15　〜20	8
20　〜25	4
25　〜30	3
合計	24

1 　右上の**表**の度数分布表を見て、次の問いに答えましょう。
(1)　人数がいちばん多いのは、何分以上何分未満ですか。
(2)　20分以上25分未満の人数は、何人ですか。
(3)　人数が2人の階級は、何分以上何分未満ですか。

解き方 (1)　人数2、7、8、4、3を比べます。いちばん多いのは◯① 人いる◯② 分以上◯③ 分未満です。
(2)　「20〜25」の階級に対応する人数で、◯ 人です。
(3)　人数「2」に対応する階級で、◯① 分以上◯② 分未満です。

上の表をグラフに表したもの

図

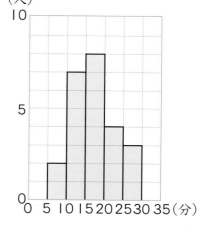

（人）　6年1組の通学時間

◎ねらい　柱状グラフについて理解しよう。　練習 ②→

🐾 柱状グラフ

　1の図のようなグラフを、**柱状グラフ**または**ヒストグラム**といいます。
　柱状グラフでは、横の軸は階級を示す数値で、縦の軸はその階級に入る度数を表しています。

2 　1の柱状グラフで、階級の幅は何分ですか。

解き方 グラフの横の軸は、5、10、15、…のように◯① 分ごとに区切られているので、階級の幅は◯② 分です。

練習

★ できた問題には、「た」をかこう！★

でき ① でき ②

教科書 92〜95 ページ ▶ 答え 17 ページ

1 右の表は、6年2組の25人の通学時間を調べて、度数分布表にまとめたものです。

42ページの6年1組の度数分布表と、次の人数を比べたとき、1組と2組どちらの組の方が多いですか。

教科書 92ページ 1

① 25分以上の人。

（　　　　　　）

② 15分未満の人。

（　　　　　　）

③ 10分以上25分未満の人。

（　　　　　　）

6年2組の通学時間

時間（分）	人数（人）
5以上〜10未満	4
10　〜15	6
15　〜20	7
20　〜25	3
25　〜30	5
合計	25

2 次の表1は、1組の30人のソフトボール投げの記録です。下の問いに答えましょう。

教科書 92ページ 1、94ページ 2

表1　　　　　　　　　1組のソフトボール投げの記録　　　　　　　　　(m)

26	15	21	31	12	28	23	20	18	14
37	21	25	16	20	34	26	13	27	39
13	29	19	22	42	27	16	32	21	24

表2　1組のソフトボール投げの記録

きょり（m）	人数（人）
10以上〜15未満	4
15　〜20	5
20　〜25	㋐
25　〜30	㋑
30　〜35	㋒
35　〜40	2
40　〜45	1
合計	30

図 （人）1組のソフトボール投げの記録

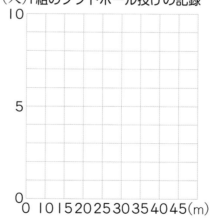

① 上の表2のあいているところをうめて、度数分布表を完成させましょう。

② 右上の図に柱状グラフをかきましょう。

③ 度数が2番目に大きい階級は、何m以上何m未満ですか。また、全体をもとにしたときのその度数の割合は何％ですか。四捨五入して小数第一位まで求めましょう。

階級 （　　　　　　　　　） 割合 （　　　　　　　　　）

④ 中央値は何m以上何m未満の階級に入りますか。

（　　　　　　　　　）

2 ① 「25m未満」には25mはふくまれません。
「25m以上」には25mがふくまれます。

⑥ 資料の整理

時間 **30**分

／100

合格 **80**点

教科書 86〜101 ページ　答え 17〜18 ページ

知識・技能　　　　　　　　　　　　　　　　　　　　　　　　　　　／100点

1 よく出る 次の表は、30問のクイズに答えたAチームの13人と、Bチームの14人の正答数をまとめたものです。下の問いに答えましょう。

各6点(48点)

Aチームの正答数　　　　　　　　　　(問)

| 21 | 16 | 17 | 14 | 20 | 19 | 21 | 16 | 13 | 19 | 20 | 16 | 22 |

Bチームの正答数　　　　　　　　　　(問)

| 18 | 21 | 14 | 16 | 12 | 24 | 18 | 15 | 22 | 13 | 16 | 18 | 15 | 23 |

① Aチームの正答数のドットプロットをかき、最頻値、中央値、平均値をそれぞれ求めましょう。

Aチームの正答数

最頻値（　　　　　）

中央値（　　　　　）

　10 11 12 13 14 15 16 17 18 19 20 21 22 23 24 25(問)　　平均値（　　　　　）

② Bチームの正答数のドットプロットをかき、最頻値、中央値、平均値をそれぞれ求めましょう。

Bチームの正答数

最頻値（　　　　　）

中央値（　　　　　）

　10 11 12 13 14 15 16 17 18 19 20 21 22 23 24 25(問)　　平均値（　　　　　）

2 右の表は、6年1組のソフトボール投げの記録を度数分布表にまとめたものです。

各5点(10点)

① 記録が30m未満の人数は、何人ですか。

（　　　　　）

② 人数が2人の階級は、何m以上何m未満ですか。

（　　　　　）

6年1組のソフトボール投げの記録

きょり(m)	人数(人)
15 以上〜20 未満	1
20 〜25	3
25 〜30	5
30 〜35	7
35 〜40	3
40 〜45	2
45 〜50	1
合計	22

この本の終わりにある「夏のチャレンジテスト」をやってみよう！

3 次の表１は、６年２組の 20 人のソフトボール投げの記録です。

全部できて各7点(42点)

表１　　　　　　　　　　　　　６年２組のソフトボール投げの記録　　　　　　　　　　　　(m)

37	44	30	20	36	34	26	36	21	45
28	31	41	29	27	32	29	19	35	25

表２　６年２組のソフトボール投げの記録

きょり(m)	人数(人)
15 以上～20 未満	
20　～25	
25　～30	
30　～35	
35　～40	
40　～45	
45　～50	
合計	

図　(人)６年２組のソフトボール投げの記録

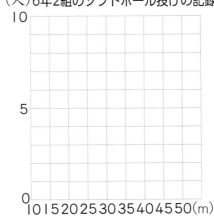

① 上の**表２**の度数分布表を完成させましょう。

② 右上の**図**に柱状グラフをかきましょう。

③ 44 ページ**2**の６年１組の記録の度数分布表とあわせて、１組、２組のそれぞれについて、次の問いに答えましょう。

㋐ 度数がいちばん大きい階級の度数の、全体をもとにしたときの割合はそれぞれ何 % ですか。わり切れないときは、四捨五入して小数第一位まで求めましょう。

１組 (　　　　　　　)　２組 (　　　　　　　)

㋑ 遠くに投げた方から数えて７番目の人は、それぞれの組でどの階級に入りますか。

１組 (　　　　　　　)　２組 (　　　　　　　)

はってん 階級の幅を変えると？

教科書 96～97 ページ

1 次の表は、24 人の通学時間を調べ、短い方から順にならべて整理したものです。

◀ちらばりのようすがわかりやすくなるように階級の幅をとることが大切です。

表　　　　　　　　　　　通学時間　　　　　　　　　　(分)

6	9	10	10	11	12	13	14	14	15	15	16
17	18	18	19	19	21	22	23	23	25	26	27

① 「5 分以上 10 分未満」を１つの階級、階級の幅を 5 分として、右の図１に柱状グラフをかきましょう。

② 階級の幅を小さくしてみます。「6 分以上 9 分未満」を１つの階級、階級の幅を 3 分として、右の図２に、柱状グラフをかきましょう。

図１
(人) 通学時間

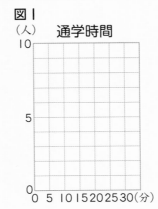

図２
(人) 通学時間

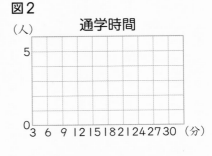

ふりかえり **1**がわからないときは、38 ページの**12**、40 ページの**123**にもどって確認してみよう。

7 ならべ方と組み合わせ方

① **ならべ方**

📖 教科書　106〜110 ページ　　➡ 答え　18 ページ

✏ 次の⬚にあてはまる数や記号を書きましょう。

◎ **ねらい**　ならべ方を調べることができるようにしよう。　　練習 ①②③

🐾 **ならべ方**

いくつかのもののならべ方や順番の決め方は、何通りあるか調べます。

表や図を使って整理すると、落ちや重なりがないように調べることができます。

1 ひろしさん、まさみさん、かずえさんの3人がならぶときのならび方を考えましょう。

解き方 ひろしさんを�U、まさみさんを⑤、かずえさんを⑥とします。

表にすると、次のようになります。

1番目	2番目	3番目
�U	⑤	⑥
�U	①	②

1番目	2番目	3番目
⑤	�U	⑥
⑤	③	④

1番目	2番目	3番目
⑥	�U	⑤
⑥	⑥	⑦

枝分かれの図で表すと、下のようになります。

1番目にくるのが、�U、⑤、⑥の3通りあるね。

　　　　　　1番目　　2番目　　3番目

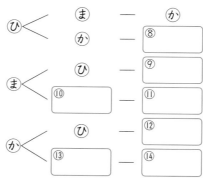

⑤ ─ ⑧
⑨
⑩ ─ ⑪
⑫
⑬ ─ ⑭

全部で ⑮⬚ 通り

2 ②、④、⑥、⑧のカードが1枚ずつあります。この4枚のカードで4けたの整数を作ります。整数は全部で何通りできますか。

解き方 千の位、百の位、十の位、一の位の順にならべて考えます。

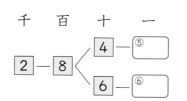

千 百 十 一

2 ─ 4 ⟨ 6 ─ ①
8 ─ ②

2 ─ 6 ⟨ 4 ─ ③
8 ─ ④

2 ─ 8 ⟨ 4 ─ ⑤
6 ─ ⑥

千の位に②がくるときのならべ方は ⑦⬚ 通り。

千の位に④、⑥、⑧がくるときも同じように考えて、

4けたの整数は全部で、⑧⬚ ×4＝ ⑨⬚ (通り)

図に表しているね。

教科書 106〜110 ページ　　答え 19 ページ

1 はるきさん、まさおさん、やすえさんの３人がくじをひく順番を決めています。

教科書 107 ページ **1**

① くじをひく順番を表にして考えましょう。

１番目	２番目	３番目
は（はるき）	ま（まさお）	や（やすえ）
は		

② くじをひく順番を図にして考えましょう。

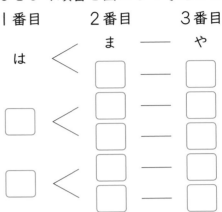

③ くじをひく順番の決め方は、全部で何通りありますか。

（　　　　　　　）

2 1、2、5、7のカードが１枚ずつあります。この４枚のカードから３枚を使って３けたの整数を作ります。整数は何通りできるかを考えましょう。

教科書 109 ページ **2**

① 1が百の位のとき、３けたの整数を右の図にかきましょう。

② 1が百の位のとき、３けたの整数は何通りできますか。

（　　　　　　　）

③ 2、5、7がそれぞれ百の位のときも考えて、３けたの整数は、全部で何通りできますか。

（　　　　　　　）

3 バスケットボールのフリースローをします。３回続けて投げるとき、フリースローの結果は、全部で何通りありますか。

教科書 110 ページ **3**

（　　　　　　　）

 ❸ 入った場合を○、入らなかった場合を×として、枝分かれの図にして考えましょう。

7 ならべ方と組み合わせ方

② **組み合わせ方**

📖 教科書 111〜113ページ　📃 答え 19ページ

✎ 次の ⬜ にあてはまる数や文字を書きましょう。

🎯 **ねらい**　組み合わせ方を調べることができるようにしよう。　　練習 ❶❷❸❹

🐾 **組み合わせ方**

いくつかのものを選ぶときの組み合わせ方は、何通りあるか調べます。

落ちや重なりがないようにするには、ならべ方を調べたときと同じように、表や図を利用して、同じ組み合わせの一方を消して数えます。

たとえば、○、△、□、☆から2つ選ぶときは、次のようにして調べます。

＜図にすると＞　　　　　　　　　　　　　　　　　＜表にすると＞

消す

	○	△	□	☆
○		●	●	●
△			●	●
□				●
☆				

○-△と△-○は、同じ組み合わせだよ。

---

1 A、B、C、Dの4つの文字から、2つの文字を選びます。組み合わせは、全部で何通りありますか。

解き方 解き方1　まず、ならべ方を考えたときと同じように図をかきます。

次に、同じ組み合わせの場合は、一方を消します。

最後に、残った組み合わせを数えます。

A ── B、　　　A ── C、　　　A ── D

B ── 、　B ── 、　C ──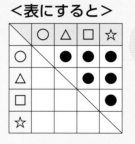

の 通りです。

解き方2　右のような表を作ります。選んだ2つの文字の組み合わせを、○で表して、表にかき入れます。全部で、⑤ ⬜ 通りあります。

	A	B	C	D
A		○	○	○
B			○	○
C				○
D				

---

2 あいさん、かよさん、さちさん、たえさん、ななさんの5人から、遠足委員を4人選びます。選び方は、全部で何通りありますか。

解き方 5人から4人を選ぶ組み合わせ方を考えます。

5人から4人を選ぶことは、残りの ① ⬜ 人を選ぶことと同じです。

5人から ② ⬜ 人を選ぶ選び方は、全部で ③ ⬜ 通りです。

1 3チームが野球の試合をします。どのチームとも1回ずつ試合をすると、全部で何試合になりますか。

教科書 111ページ **1**

(　　　　　　)

2 A、B、C、D、Ē、Ｆの6チームでサッカーの試合をします。どのチームとも1回ずつ試合をするとき、次の問いに答えましょう。

教科書 111ページ **1**

① 試合の組み合わせを、○で表して、右の表にかきましょう。

② 全部で何試合になりますか。

(　　　　　　)

	A	B	C	D	E	F
A		○				
B						
C						
D						
E						
F						

3 いちご、かき、すいか、なし、ももの5種類のくだものの中から、2種類を選びます。

教科書 113ページ **2**

① それぞれを⓪、⒦、⒮、⒩、⒨として、次の図の続きをかきましょう。同じ組み合わせの場合は、一方を消しましょう。

② 2種類の組み合わせは、全部で何通りありますか。

(　　　　　　)

4 ①、②、③、④のカードが1枚ずつあります。この4枚のカードから3枚を選んで積を求めます。積は全部で何通りありますか。

教科書 113ページ **1**・**2**

(　　　　　　)

 **4** 4枚のカードから3枚選ぶことと、残りの1枚を選ぶことは同じです。

⑦ ならべ方と組み合わせ方

知識・技能 ／55点

1 よく出る 右の図のように、赤、青、黄の3色を使ってぬり分けます。
ぬり方は全部で何通りありますか。　　　　　　　　　(7点)

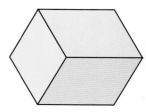

（　　　　　）

2 あきらさん、たかしさん、まさよさん、めぐみさんの4人がリレーのチームを組みます。

各7点(21点)

① あきらさんがアンカーのとき、走る順番の決め方は何通りありますか。

（　　　　　）

② 4人の走る順番の決め方は全部で何通りありますか。

（　　　　　）

③ めぐみさんがまさよさんにバトンをわたすことになる順番の決め方は何通りありますか。

（　　　　　）

3 あゆみさん、かいとさん、さくらさん、たくやさんの4人の中から、委員長と副委員長を決めます。決め方は全部で何通りありますか。
(7点)

（　　　　　）

4 よく出る りんご、バナナ、ぶどう、ももが1個ずつあります。このうちから2個を選ぶとき、選び方を、（り、バ）のようにすべて書き出して全部で何通りあるか求めましょう。　(10点)

（

5 右の図のように、点Fを頂点として、残りの２つの頂点を点A～Eから選んで三角形を作ります。
　何通りの三角形が作れますか。　　　　　　　（10点）

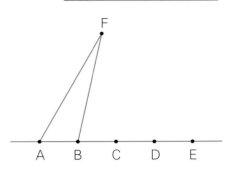

（　　　　　　）

---

6 右の図のような道路があります。Ａ地点からＢ地点への行き方は、全部で何通りありますか。　　　　（10点）

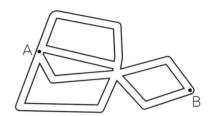

（　　　　　　）

7 **十円玉、五十円玉、百円玉、五百円玉が１個ずつあります。**　　　各7点(14点)
① この４個を、１回ずつ順に投げていきます。
　このとき、表や裏の出る出方は全部で何通りありますか。

（　　　　　　）

② ４個の中から３個選んで金額を求めます。
　できる金額をすべて書き出しましょう。

（　　　　　　）

8 よく出る **0、1、2、3 の４枚のカードがあります。**　　　各7点(21点)
① ４枚のカードから２枚を使って２けたの整数を作ります。整数は何通りできますか。

（　　　　　　）

② ①で作った整数のうち、偶数は何通りありますか。

（　　　　　　）

③ ４枚のカードを使ってできる４けたの整数は何通りありますか。

（　　　　　　）

 **1** がわからないときは、46ページの **1** にもどって確認してみよう。

① 小数と分数の混じった計算

📖 教科書　117～119ページ　　➡️答え　21～22ページ

✏️ 次の ⬚ にあてはまる数を書きましょう。

🎯 **ねらい** 小数と分数の混じったたし算やひき算ができるようにしよう。　　練習 ❶

🐾 たし算とひき算

小数と分数の混じったたし算やひき算は、小数または、分数にそろえてから計算します。

小数点以下の数字がずっと続くときは、分数にそろえて計算します。

1 (1) $\dfrac{1}{2} + 0.2$　　(2) $0.4 - \dfrac{1}{3}$　を計算しましょう。

解き方 (1)　**解き方１**　小数にそろえます。

$$\dfrac{1}{2} = 1 \div \boxed{①} = \boxed{②}$$

$$\boxed{③} + 0.2 = \boxed{④}$$

解き方２　分数にそろえます。

$$0.2 = \dfrac{2}{\boxed{⑤}} = \boxed{⑥}$$

$$\dfrac{1}{2} + \boxed{⑦} = \boxed{⑧}$$

(2)　**解き方１**　小数にそろえます。

$$\dfrac{1}{3} = 1 \div \boxed{①} = 0.333\cdots$$

小数点以下の数字がずっと続き、
小数では正確には計算できません。

解き方２　分数にそろえます。

$$0.4 = \dfrac{4}{\boxed{②}} = \boxed{③}$$

$$\boxed{④} - \dfrac{1}{3} = \boxed{⑤}$$

🎯 **ねらい** かけ算とわり算が混じった計算ができるようにしよう。　　練習 ❷❸

🐾 かけ算とわり算

分数のかけ算とわり算の混じった式は、わる数を逆数に変えてかけると、かけ算だけの式になおせます。小数と分数の混じった計算は、分数にそろえれば、いつでも計算できます。

2 (1) $\dfrac{1}{6} \div \dfrac{3}{10} \times \dfrac{2}{5}$　　(2) $3 \times \dfrac{1}{4} \div 1.2$　を計算しましょう。

解き方 (1) $\dfrac{1}{6} \div \dfrac{3}{10} \times \dfrac{2}{5}$

$$= \dfrac{1}{6} \times \dfrac{\boxed{①}}{\boxed{②}} \times \dfrac{2}{5}$$

$$= \dfrac{1 \times \boxed{③} \times 2}{6 \times \boxed{④} \times 5}$$

$$= \boxed{⑤}$$

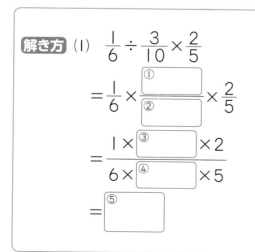

答えは約分して
求めよう。

(2) $3 \times \dfrac{1}{4} \div 1.2 = \dfrac{3}{\boxed{①}} \times \dfrac{1}{4} \div \dfrac{\boxed{②}}{10}$

$$= \dfrac{3}{\boxed{③}} \times \dfrac{1}{4} \div \dfrac{\boxed{④}}{5}$$

$$= \dfrac{3 \times 1 \times \boxed{⑤}}{\boxed{⑥} \times 4 \times \boxed{⑦}}$$

$$= \boxed{⑧}$$

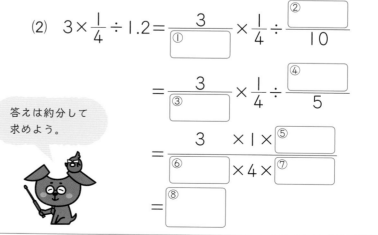

1 次の計算をしましょう。

教科書 117ページ **1**

① $\dfrac{1}{3} + 0.3$

② $0.9 + \dfrac{1}{5}$

③ $0.4 + \dfrac{2}{9}$

④ $\dfrac{5}{7} - 0.6$

⑤ $\dfrac{3}{4} - 0.25$

⑥ $1\dfrac{1}{6} - 0.7$

2 次の計算をしましょう。

教科書 118ページ **2**

① $\dfrac{2}{3} \div \dfrac{7}{10} \times \dfrac{3}{5}$

② $\dfrac{1}{5} \times \dfrac{2}{7} \div \dfrac{4}{5}$

③ $4\dfrac{1}{2} \div 0.3 \times \dfrac{2}{5}$

④ $\dfrac{3}{5} \div 0.36 \times 0.4$

⑤ $0.45 \div \dfrac{8}{15} \div \dfrac{9}{10}$

⑥ $\dfrac{6}{7} \div 0.24 \div \dfrac{5}{14}$

3 次の計算を、分数を使ってしましょう。

教科書 119ページ ▶・▶

① $0.27 \div 0.8 \div 0.45$

② $15 \div 9 \times 12$

● ヒ ン ト   ❶ ①、③、④、⑥の分数は $\dfrac{1}{3} = 0.333\cdots$、$\dfrac{2}{9} = 0.222\cdots$のように、
小数点以下の数字がずっと続く分数です。

8 小数と分数の計算

② いろいろな問題

教科書　120ページ　答え　22ページ

✎ 次の◯にあてはまる数を書きましょう。

◎ねらい　小数と分数の計算を使ういろいろな問題が解けるようにしよう。　練習 ① ② ③

🐾 いろいろな問題を解く

　数量の問題を、図や4マスの表に整理して、かけ算の式になるか、わり算の式になるかを考えましょう。

単位量あたりの大きさ	全部の大きさ
	いくつ分

1　ある自動車は、180km 進むのに 12L のガソリンを使います。
この自動車は、100km 進むのに何L のガソリンが必要ですか。

解き方　解き方1　まず、1L で何km 走るのか考えます。

□km	180km
1L	12L

$\square \times 12 = 180$　　$\square = \dfrac{①\boxed{}}{②\boxed{}} = ③\boxed{}$ (km)

次に、100km 進むのに必要なガソリンの量を求めます。

□km	100km
1L	△L

$\square \times \triangle = 100$　　$\triangle = \dfrac{100}{\square} = \dfrac{100}{④\boxed{}} = ⑤\boxed{}$ (L)

解き方2　まず、1km で何L 使うかを考えます。

□L	12L
1km	180km

$\square \times 180 = 12$　　$\square = \dfrac{⑥\boxed{}}{⑦\boxed{}} = ⑧\boxed{}$ (L)

次に、100km 進むのに必要なガソリンの量を求めます。

□L	△L
1km	100km

$\triangle = \square \times 100 = ⑨\boxed{} \times 100 = ⑩\boxed{}$ (L)

2　定価 1200円 のシャツを 20% 引きで買いました。
代金は何円ですか。

解き方　20% を小数の割合(わりあい)になおすと、
①\boxed{} だから、安くしてもらった分は、

$1200 \times ②\boxed{} = ③\boxed{}$ (円)で、

代金は、$1200 - ④\boxed{} = ⑤\boxed{}$ (円)です。

全部の大きさ　　　単位量あたりの大きさ

0　□　　　　1200(円)

代金

割合

0　　　　　1

これを、1つの式で、次のように求めることもできます。

$1200 \times \left(1 - ⑥\boxed{}\right) = 1200 \times ⑦\boxed{} = ⑧\boxed{}$ (円)

1 ある自動車は、280 km 進むのに 20 L のガソリンを使います。　教科書 120 ページ **1**

① 1 L のガソリンで何 km 進みますか。

（　　　　　　）

② 1 km 進むのに、何 L のガソリンを使いますか。

（　　　　　　）

③ 100 km 進むのに、何 L のガソリンが必要ですか。

（　　　　　　）

2 定価 1500 円のシューズを 18 % 引きで買いました。何円で買いましたか。

教科書 120 ページ ▶

（　　　　　　）

3 右の　　　のことがらから、わたしたちの体について考えましょう。　教科書 120 ページ **2**

① 体重が 54 kg の人の脳の重さは約何 kg ですか。
小数で答えましょう。

（　　　　　　）

・体の水分の量は体重の約 $\frac{2}{3}$

・脳の重さは体重の約 $\frac{1}{45}$

・手の骨の数は 27 個

② 手の骨の数 27 個は、体全体の骨の数の約 $\frac{3}{22}$ です。

体全体の骨の数は約何百個ですか。

（　　　　　　）

③ 体重が 42 kg の人の体には、水分は約何 kg ありますか。

（　　　　　　）

 ヒント

1 ③ 1 L で ● km 進む　→ 100 km 進むのに $\frac{100}{●}$ L 必要

1 km 進むのに ■ L 必要→ 100 km 進むのに（■×100）L 必要

ぴったり3
確かめのテスト

⑧ 小数と分数の計算

時間 30 分

／100

合格 80 点

教科書 117〜123 ページ　答え 23〜24 ページ

知識・技能 ／60点

1 よく出る 次の計算をしましょう。 各5点(20点)

① $0.2 + \dfrac{5}{9}$

② $\dfrac{1}{4} + 0.15$

(　　　　　)

(　　　　　)

③ $\dfrac{2}{3} - 0.4$

④ $\dfrac{5}{6} - 0.25$

(　　　　　)

(　　　　　)

2 次の計算をしましょう。 各5点(30点)

① $\dfrac{1}{2} \div \dfrac{2}{3} \times \dfrac{5}{6}$

② $\dfrac{1}{3} \div 0.3 \times \dfrac{3}{5}$

(　　　　　)

(　　　　　)

③ $\dfrac{5}{7} \div 1.5 \times 0.7$

④ $0.2 \div 1.25 \div 0.8$

(　　　　　)

(　　　　　)

⑤ $21 \times 25 \div 30$

⑥ $18 \div 45 \times 35$

(　　　　　)

(　　　　　)

3 よく出る 次の図形の面積を求めましょう。 各5点(10点)

①

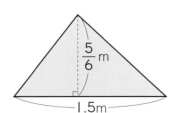

②

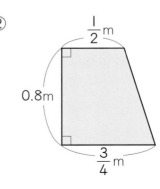

(　　　　　)

(　　　　　)

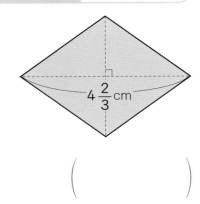

思考・判断・表現　　　　　　　　　　　　　　　　／40点

4 面積が 8 cm² の、右のようなひし形があります。
もう 1 本の対角線の長さは何 cm ですか。　　　(5点)

$4\frac{2}{3}$ cm

（　　　　　　　）

5 次の問いに答えましょう。　　　　　　　　　　各5点(10点)

① 800 円で仕入れた品物に、仕入れ値の 35 % の利益をみこんで定価をつけました。
この品物の定価は何円ですか。

（　　　　　　　）

② 定価の 20 % 引きで筆箱を買ったら、520 円でした。筆箱の定価は何円ですか。

（　　　　　　　）

6 ある自動車は、240 km 走るのにガソリンを 16 L 使います。
この自動車は、400 km 走るのにガソリンを何 L 使いますか。　　　(5点)

（　　　　　　　）

7 60 分＝1 時間であることを使うと、たとえば、12 分は
$\frac{12}{60}=\frac{1}{5}$（時間）、$\frac{1}{5}=0.2$（時間）
のように、分数や小数で表すことができます。次の問いに答えましょう。　　　各5点(20点)

① 45 分は何時間ですか。分数と小数で表しましょう。

分数（　　　　　　　）　　小数（　　　　　　　）

② 20 分は何時間ですか。分数で表しましょう。

（　　　　　　　）

③ $\frac{5}{12}$ 時間は何分ですか。

（　　　　　　　）

ふりかえり　①がわからないときは、52 ページの①にもどって確認してみよう。

付録の「計算せんもんドリル」15〜19 もやってみよう！

倍の計算～分数倍～

ソフトボール投げ

学習日　　月　　日

〈分数倍〉

1 男子が 16 人、女子が 20 人のクラスがあります。男子の人数は女子の人数の何倍ですか。

① 図の □ にあてはまる数を書きましょう。

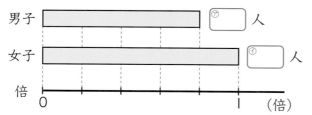

もとにする量	比べられる量
20人	16人
1倍	x倍

倍

比べられる量÷もとにする量＝倍
だよね。

② 男子の人数は女子の人数の何倍ですか。
分数で表しましょう。

2 次の □ にあてはまる数を、分数で求めましょう。

① 30 m は、25 m の □ 倍。

② 75 g は、100 g の □ 倍。

割合は 1 より大きくなることも、
1 より小さくなることもあるよ。

③ 13 m は、39 m の □ 倍。

3 たかしさんたちがソフトボール投げをして、投げたきょりを比べました。
平均は 24 m でした。

① たかしさんの記録は 32 m でした。平均の何倍ですか。

（　　　　　）

② まさみさんの記録は 20 m でした。平均の何倍ですか。

（　　　　　）

4 縦の長さが 12 cm で、横の長さが縦の長さの $\frac{5}{6}$ 倍の長方形があります。横の長さを求めましょう。

① 図の ⬚ にあてはまる数を書きましょう。

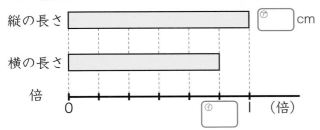

もとにする量×倍＝比べられる量だよ。

② 横の長さは何 cm ですか。

（　　　　　　）

5 ⬚ にあてはまる数を求めましょう。

① 3600 円の $\frac{3}{4}$ 倍は、⬚ 円。

② ⬚ km の $\frac{4}{9}$ 倍は、32 km。

6 ひろしさんはボランティア活動として、毎月町の清そうに参加しています。3月の参加人数は、36 人でした。

① 4月の参加人数は、3月の $\frac{11}{9}$ 倍でした。4月の参加人数は何人ですか。

（　　　　　　）

② 3月の参加人数は、5月の参加人数の $\frac{6}{5}$ 倍にあたります。5月の参加人数は何人ですか。

（　　　　　　）

7 直方体の水そうに水を 120 L 入れると、水そうの深さの $\frac{2}{5}$ になります。この水そうの容積は何 L ですか。

（　　　　　　）

ぴったり1
準備

3分でまとめ

9 円の面積
① 円の面積 ② 円の面積を求める公式
③ いろいろな面積

学習日
月 日

教科書 128〜136 ページ 答え 24 ページ

✎ 次の◯にあてはまる数やことばを書きましょう。

🎯 ねらい 円の面積を求めることができるようにしよう。 練習 ①②③④

🐾 円の面積

円の面積＝半径×半径×3.14

1 右の図を見て、円の面積の公式を考えましょう。

解き方 ㋐は円を①◯等分してならべかえたものです。

㋑は円を②◯等分してならべかえたものです。

もっと細かく等分してならべかえていくと、㋒のような③◯に近づいていきます。

この④◯の縦の長さは、円の⑤◯の長さにあたり、横の長さは、⑥◯の長さの半分にあたります。

横の長さは、⑦◯×3.14÷2で求められるから、円の面積の公式は、次のようになります。

円の面積＝⑧◯×⑨◯÷2×3.14
　　　　　縦　　　　横

　　　　＝⑩◯×⑪◯×3.14

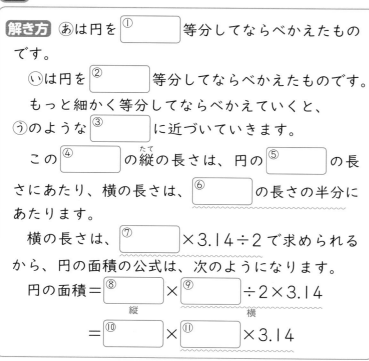

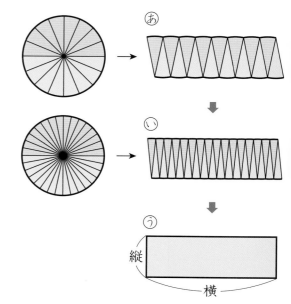

縦
横

円周の長さは、直径×3.14だったね。

2 次の円の面積を求めましょう。
(1) 半径2cm の円。
(2) 直径16cm の円。

解き方 円の面積の公式にあてはめて考えます。
(1) ①◯×②◯×3.14＝③◯(cm²)
(2) 半径は、①◯÷2＝②◯(cm)なので、
　　円の面積の公式にあてはめると、
　　③◯×④◯×3.14＝⑤◯(cm²)

円の面積は、半径×半径×3.14ね。直径×3.14とまちがえないようにしなきゃ。

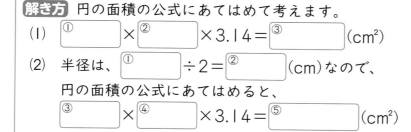

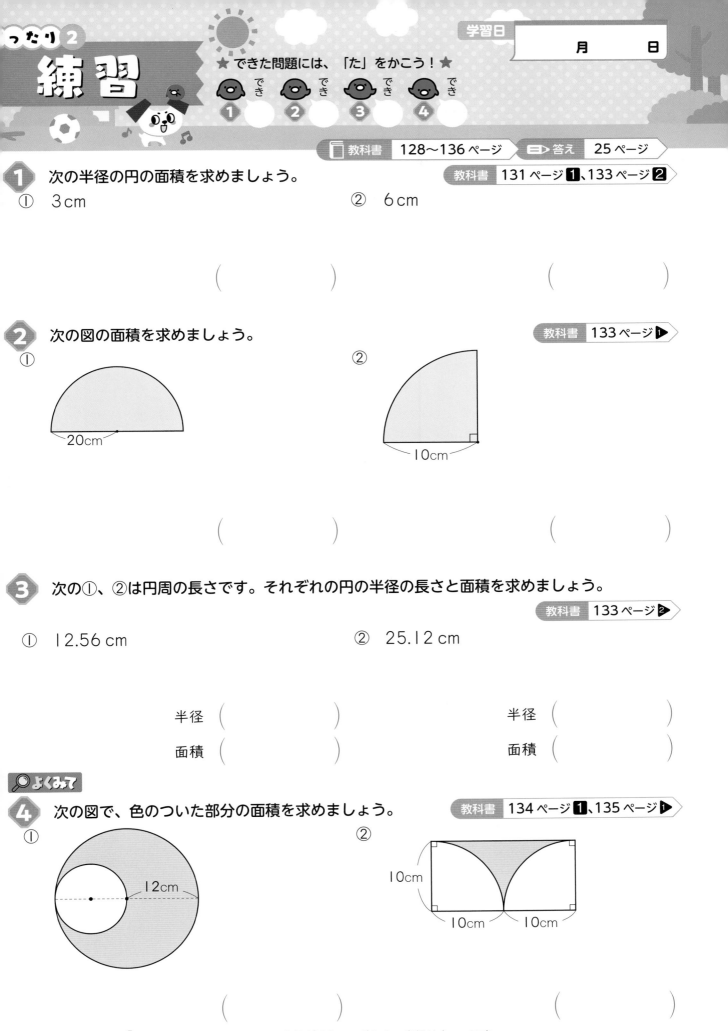

1 次の半径の円の面積を求めましょう。　教科書 131 ページ **1**、133 ページ **2**

① 3 cm

② 6 cm

（　　　　　）

（　　　　　）

2 次の図の面積を求めましょう。　教科書 133 ページ ▶

① 20cm

② 10cm

（　　　　　）

（　　　　　）

3 次の①、②は円周の長さです。それぞれの円の半径の長さと面積を求めましょう。

教科書 133 ページ **2**

① 12.56 cm

② 25.12 cm

半径（　　　　　）

半径（　　　　　）

面積（　　　　　）

面積（　　　　　）

🔍 よくみて

4 次の図で、色のついた部分の面積を求めましょう。　教科書 134 ページ **1**、135 ページ ▶

① 12cm

② 10cm　10cm　10cm

（　　　　　）

（　　　　　）

 ① 色のついていない円は直径が 12 cm だから、半径は 6 cm です。
② 長方形の面積−円の 4 分の 1 が 2 つで求められます。

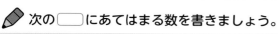
教科書 137〜138 ページ　答え 25 ページ

✎ 次の□にあてはまる数を書きましょう。

◎ねらい およその面積を求めることができるようにしよう。　練習 ①②

🐾 およその面積

　土地や湖の面積などは、方眼を使ったり、およその形をとらえたりして、およその面積を求めることができます。

1 右の図のような道にはさまれた空き地があります。
　空き地のおよその面積を求めましょう。

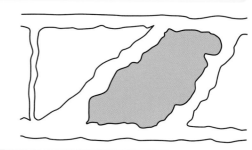

解き方 **解き方1** 右の図のように、方眼をあててみます。
　まわりの線の中にある ▨ の方眼の数は、①□ 個です。
　また、まわりの線が通っている ▨ の方眼の数は、
②□ 個です。 ▨ の方眼を2個で 100 m² と考えると、
空き地の面積は、
　　100×③□＋100×④□÷2=⑤□
で、約⑥□ m² です。

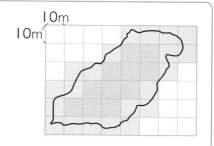

解き方2 空き地の形を右の図のように、平行四辺形とみて、
　面積を求めると、
　　⑦□ × ⑧□ = ⑨□
　　　底辺　　　高さ
で、約⑩□ m² です。

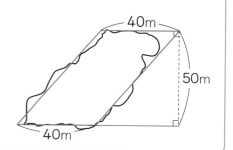

2 右の木の葉のおよその面積を求めましょう。

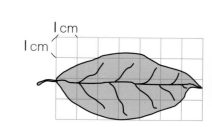

解き方 **1** と同じように、まわりの線が通っている方眼は2個で
1 cm² と考えます。
　まわりの線の中にある方眼の数は、①□ 個、
まわりの線が通っている方眼の数は、②□ 個だから、
　　1×③□＋1×④□÷2=⑤□
で、約⑥□ cm² です。

っ たり 2
練習

★ できた問題には、「た」をかこう！★

😊 でき ① 😊 でき ②

📖 教科書 137〜138 ページ 　➡ 答え 25 ページ

1 右の図のような形の池があります。

教科書 137ページ **1**

① 方眼の1目もりを1mとして、池のおよその面積を求めましょう。

（　　　　　　　）

② 池の形を、右の図のような三角形とみて、およその面積を求めましょう。

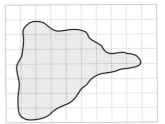

（　　　　　　　）

2 右の図は、鹿児島県の屋久島の地図です。

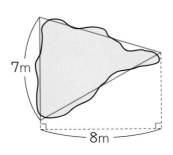
教科書 137ページ **1**

① 方眼を使って、屋久島のおよその面積を求めましょう。

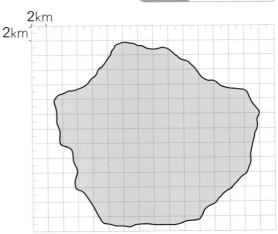

方眼1つで
4km² だね。

（　　　　　　　）

② 屋久島の形を、右のように円とみます。
面積は、約何百 km² ですか。

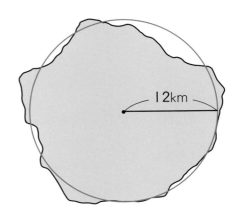

（　　　　　　　）

⑨ 円の面積

知識・技能　　　　　　　　　　　　　　　　　　　　　　　　／58点

1 よく出る 次の円の面積を求めましょう。　　　　　　　　　各6点（12点）

① 半径7cm の円。　　　　　　　　　② 直径10cm の円。

（　　　　　　　　　）　　　　　　　　　（　　　　　　　　　）

2 よく出る 次の図形の面積を求めましょう。　　　　　　　　各6点（12点）

①

4cm

②

2cm

（　　　　　　　　　）　　　　　　　　　（　　　　　　　　　）

3 円周の長さが 37.68 cm になる円の直径の長さと面積を求めましょう。　　各6点（12点）

直径（　　　　　　　　　）　面積（　　　　　　　　　）

4 よく出る 学校のグラウンドに、右の図のようにトラック（走路）の線をひきました。

各7点（14点）

① トラックの内側の線は1周何 m になりますか。

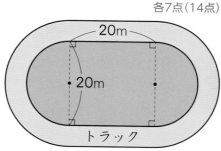
20m
20m
トラック

（　　　　　　　　　）

② ⬚ の部分の面積を求めましょう。

（　　　　　　　　　）

5 右の図は、ある湖の地図です。方眼の1目もりを2kmとして、この湖のおよその面積を求めましょう。 (8点)

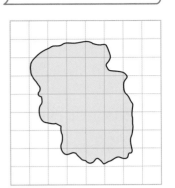

( )

---

6 次の図で、色のついた部分の面積を求めましょう。 各7点(28点)

①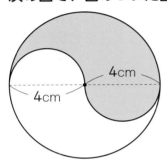

4cm
4cm

( )

②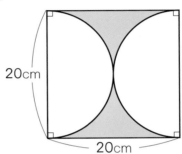

20cm
20cm

( )

③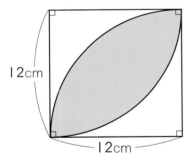

12cm
12cm

( )

④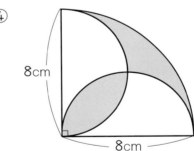

8cm
8cm

( )

 **できたらスゴイ!**

7 右の図形のまわりの長さは 35.98cm です。次の問いに答えましょう。 各7点(14点)

① 直線ＡＢの長さを求めましょう。

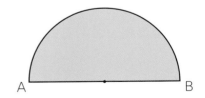

A　　　　　　　B

( )

② この図形の面積を求めましょう。

( )

ふりかえり 🐼 　❶がわからないときは、60ページの❷にもどって確認してみよう。

ぴったり1 準備

3分でまとめ

⑩ 立体の体積
① 角柱の体積
② 円柱の体積

学習日　　　　月　　　日

教科書 143〜147 ページ　答え 27 ページ

✏️ 次の◯◯にあてはまる数を書きましょう。

ねらい 角柱や円柱の体積を求めることができるようにしよう。　練習 ❶ ❷ ❸

🐾 **角柱の体積・円柱の体積**

底面の面積を、**底面積**といいます。

角柱の体積や円柱の体積は、次の公式で求めることができます。

角柱の体積＝底面積×高さ
円柱の体積＝底面積×高さ

1 右の図のような角柱の体積を求めましょう。

(1) 四角柱　(2) 三角柱

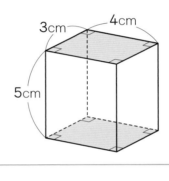
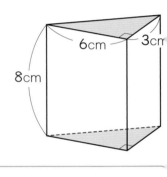

解き方 (1)　底面積＝3×[①　]
　　　　　　　＝[②　]（cm²）

　高さは、[③　]cm だから、

　体積＝[④　]×[⑤　]
　　　　　　底面積　　高さ
　　　＝[⑥　]（cm³）

(2)　底面は、底辺6cm、高さ3cm の三角形だから、

　体積＝([①　]×[②　]÷[③　])×[④　]
　　　　　　　　　底面積　　　　　　　高さ
　　　＝[⑤　]（cm³）

2 右の図のような円柱の体積を求めましょう。

解き方 底面は半径5cm の円です。

　底面積を求める式は、

　　　[①　]×[②　]×3.14

だから、

　体積＝([③　]×[④　]×3.14)×[⑤　]
　　　　　　　　　　底面積　　　　　　高さ

　　　＝[⑥　]（cm³）

5×5×3.14×8 は
5×5×8 を先に計
算すると楽になるよ。

つたり 2
練習

★ できた問題には、「た」をかこう！★
でき 1　でき 2　でき 3

学習日　　月　　日

教科書 143〜147 ページ　　答え 27 ページ

1 右のような三角柱があります。体積は何 cm³ ですか。

教科書 145 ページ **2**

（　　　　　　　）

2 右の図のような、底面がひし形の四角柱があります。

教科書 145 ページ ▶

① 底面積を求めましょう。

（　　　　　　　）

② 体積を求めましょう。

（　　　　　　　）

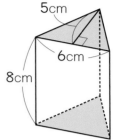
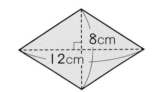

3 次のような立体の体積を求めましょう。

教科書 147 ページ ▶・**2**・**3**

①

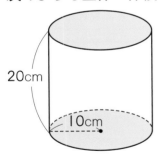

（　　　　　　　）

②

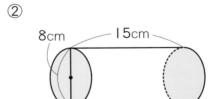

（　　　　　　　）

③

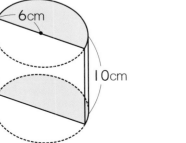

（　　　　　　　）

④ 1円玉を 10 枚重ねて円柱の形にした立体。

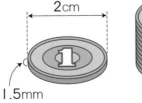

（　　　　　　　）

ヒント　　**2** ①　ひし形の面積＝対角線×対角線÷2

10 立体の体積

③ いろいろな形の体積

教科書 149〜150ページ　答え 27ページ

🖊 次の ▢ にあてはまる数を書きましょう。

🎯**ねらい** 立体の体積をくふうして求めることができるようにしよう。　練習 ①②

🐾 **体積を求めるくふう**

右のような立体の体積も、角柱とみれば、
（底面積）×（高さ）の式で求めることができます。

図1

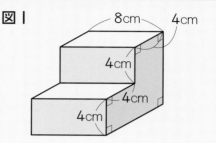

1 右上の図1のような立体の体積を求めましょう。

解き方 解き方1　5年生で体積を学習したときは、
図1のような立体は、右の図2のように、2つの
直方体に分けたり、直方体をおぎなったりするく
ふうで体積を求めました。

図2

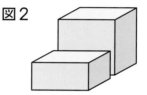

解き方2　右の図3のような角柱とみて、底面積を求めてから、
体積を求めます。

図3

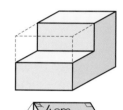

底面積は、2つの正方形の面積の差で、

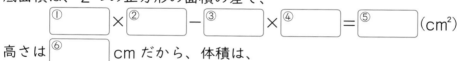
$$\boxed{①} \times \boxed{②} - \boxed{③} \times \boxed{④} = \boxed{⑤} \ (cm^2)$$

高さは $\boxed{⑥}$ cm だから、体積は、

$$\underset{\text{底面積}}{\boxed{⑦}} \times \underset{\text{高さ}}{\boxed{⑧}} = \boxed{⑨} \ (cm^3)$$

🎯**ねらい** 身近な立体のおよその体積を求めてみよう。　練習 ③

🐾 **およその体積**

身近にある立体のおよその形を、角柱や円柱ととらえると、およその体積を求めることがで
きます。

2 右の図のようなかんづめがあります。円柱とみて、およその体積を求めましょう。

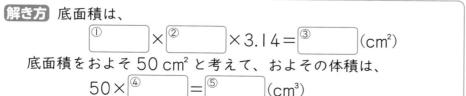

解き方 底面積は、
$$\boxed{①} \times \boxed{②} \times 3.14 = \boxed{③} \ (cm^2)$$
底面積をおよそ 50 cm² と考えて、およその体積は、
$$50 \times \boxed{④} = \boxed{⑤} \ (cm^3)$$
になります。

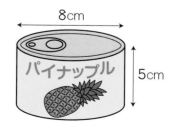

8cm

5cm

パイナップル

ったり 2
練習
★ できた問題には、「た」をかこう！ ★
 でき ① でき ② でき ③

学習日
月　日

教科書 149〜150 ページ ▸ 答え 27〜28 ページ

1 次のような立体の体積を求めましょう。

教科書 149 ページ **1**

①

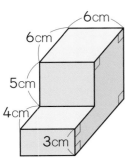
6cm
6cm
5cm
4cm
3cm

②

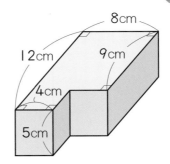
8cm
12cm
9cm
4cm
5cm

立体の形を
よくみてね。

(　　　　　)　　　　(　　　　　)

2 次のような立体の体積を求めましょう。

教科書 150 ページ ▸

① 真ん中に円柱の穴があいている。

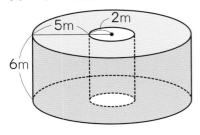
5m
2m
6m

②

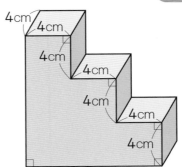
4cm
4cm
4cm
4cm
4cm
4cm

(　　　　　)　　　　(　　　　　)

3 右の図のようなプランターがあり、内のりは
図のようになっています。
このプランターを底面が台形の四角柱とみて、
およその容積を求めましょう。

教科書 150 ページ **2**

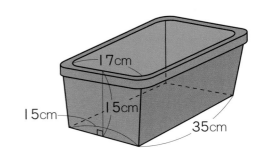
17cm
15cm
15cm
35cm

(　　　　　)

 ヒント
2 ② 手前に見えている階段の形をした面を底面とする角柱と
考えて体積を求めます。

ぴったり③
確かめのテスト

⑩ 立体の体積

時間 30 分

／100

合格 80 点

教科書 143〜153 ページ　答え 28 ページ

知識・技能　／80点

1 よく出る 次の円柱や角柱の体積を求めましょう。　各10点(40点)

①

（　　　　　　）

②
3cm
4cm
7cm

（　　　　　　）

③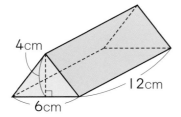
4cm
6cm
12cm

（　　　　　　）

④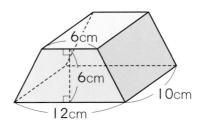
6cm
6cm
12cm
10cm

（　　　　　　）

2 次のような立体の体積を求めましょう。　各10点(20点)

① 真ん中に円柱の穴があいている。

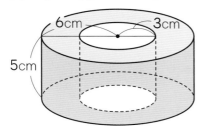
6cm　3cm
5cm

②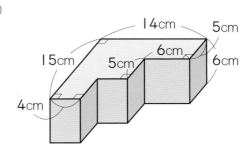
14cm　5cm
15cm　5cm　6cm　6cm
4cm

（　　　　　　）　　　　　　（　　　　　　）

3 食品の保存容器と調理なべがあり、それぞれの内のりは次の図のようになっています。それぞれ四角柱、円柱とみて、およその容積を求めましょう。

各10点(20点)

①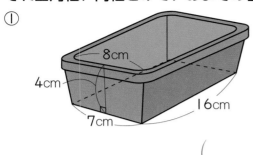

②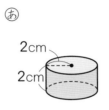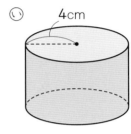

(　　　　　　)　　　　　　　(　　　　　　)

思考・判断・表現　　　　　　　　　　　　　　／20点

4 右の図のように、2つの円柱あ、○があります。
○の円柱の体積はあの円柱の体積の10倍です。
○の円柱の高さを求めましょう。

(10点)

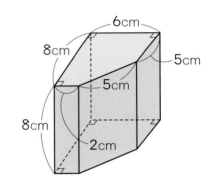

(　　　　　　)

できたらスゴイ!

5 右の図の五角柱の体積を求めましょう。　　(10点)

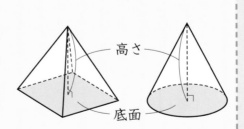

(　　　　　　)

はってん　いろいろな形の体積比べ

教科書 **148ページ**

1 右のような形を**すい体**といいます。すい体の底面にはいろいろな形があります。

すい体の体積は次の式で求められます。

すい体の体積＝底面積×高さ×$\frac{1}{3}$

底面が1辺4cmの正方形、高さが6cmのすい体の体積を求めましょう。

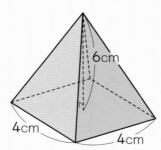

◀すい体の体積は、底面も高さも同じ角柱や円柱の体積の$\frac{1}{3}$になります。

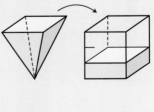

◀$4×4×6×\frac{1}{3}$

(　　　　　　)

ふりかえり　❶がわからないときは、66ページの**1 2**にもどって確認してみよう。

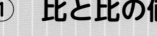

教科書 158〜160ページ　　答え 29ページ

✏️ 次の◻️にあてはまる数を書きましょう。

◎ねらい　比を使って割合を表すことができるようにしよう。　　練習 ①②③

🐾 比

縦の長さを2としたとき、横の長さが3であることを、
「：」の記号を使って、**2：3**と表し、**二対三**と読みます。

このような割合の表し方を、**比**といいます。

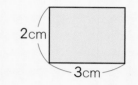

2cm
3cm

1 右の図のような長方形⑤と、長方形⑥があります。
次の割合を比で表しましょう。

(1) ⑤の長方形の縦の長さと横の長さの割合。

(2) ⑤の長方形の横の長さと⑥の長方形の横の長さの割合。

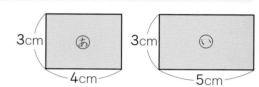

3cm ⑤ 4cm　　3cm ⑥ 5cm

解き方 (1) ⑤の長方形の縦の長さを3とすると、横の長さは◻️①になります。

だから、縦の長さと横の長さの比は、◻️②：◻️③と表せます。

(2) ⑤の長方形の横の長さを4とすると、⑥の長方形の横の長さは◻️①になります。

だから、⑤の横の長さと⑥の横の長さの比は、◻️②：◻️③と表せます。

◎ねらい　比の値を求めることができるようにしよう。　　練習 ③

🐾 比の値

比が、$a：b$で表されるとき、aをbでわった商を**比の値**といいます。
比の値は、aがbの何倍にあたるかを表します。

$a：b$の比の値　$a \div b$

特に、a、bが整数のとき、$a：b$の比の値は$\frac{a}{b}$で表すことができます。

2つの量の割合は、比や比の値を使って表すことができます。

比の値は、
約分できるときは、
約分して表します。

2 次の割合を比と比の値で表しましょう。

(1) 白のペンキ8dLと赤のペンキ9dL。　　(2) 食塩4kgと砂糖6kg。

解き方 (1) 白のペンキの量を8とすると、赤のペンキの量は◻️①だから、

白のペンキと赤のペンキの量の比は、◻️②：◻️③と表され、比の値は◻️④です。

(2) 食塩の重さを4とすると、砂糖の重さは◻️①だから、

食塩と砂糖の重さの比は、◻️②：◻️③と表され、比の値は◻️④です。

★ できた問題には、「た」をかこう！★

でき ① でき ② でき ③

教科書 158〜160 ページ 答え 29 ページ

1 白のリボンが 5 m、赤のリボンが 8 m あります。次の □ にあてはまる数を書きましょう。

教科書 159ページ **1**・**2**

① 赤のリボンの長さは、白のリボンの長さの □ 倍です。

② 白のリボンの長さを 1 とすると、赤のリボンの長さは □ です。

③ 白のリボンの長さを 100 % とすると、赤のリボンの長さは □ % です。

④ 赤のリボンの長さと白のリボンの長さの比は、⑦ □ : ⑦ □ です。

2 けんたさんのクラスの人数は 35 人です。そのうち、男子は 18 人、女子は 17 人です。次の人数の割合を、比で表しましょう。

教科書 159ページ **2**

① 男子と女子の人数の比。

( )

② 男子とクラス全体の人数の比。

( )

③ 女子とクラス全体の人数の比。

( )

クラス全体は 35 人だよ。

3 次の割合を比と比の値で表しましょう。

教科書 160ページ ▶

① 酢大さじ 1 ぱいとサラダ油大さじ 3 ばい。

比 ( )　比の値 ( )

② 牛乳 2 カップとコーヒー 9 カップ。

比 ( )　比の値 ( )

③ バター 120 g とマーガリン 210 g。

比 ( )　比の値 ( )

④ オレンジ 30 個とレモン 6 個。

比 ( )　比の値 ( )

ヒント ① 割合の表し方は「AはBの〜倍」「Aを1とするとBは〜」
「Aを100%とすると、Bは〜%」などとなります。

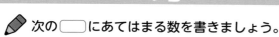

11 比とその利用

② 等しい比

教科書 161〜164 ページ　答え 29 ページ

✏ 次の□にあてはまる数を書きましょう。

🎯 **ねらい** 等しい比の意味を理解しよう。　　　　　　　練習 ①

🐾 **等しい比**
4：1 と 8：2 のように比の値が等しいとき、**2つの比は等しい**といい、
4：1＝8：2 のように書きます。

1 次の比から、等しい比を見つけ、等号で結びましょう。
　　　　　　3：4　　　　2：5　　　　6：15　　　　12：16

解き方 3：4　の比の値は、①[　　]　　　　2：5　の比の値は、②[　　]

　　　　6：15 の比の値は、③[　　]　　　　12：16 の比の値は、④[　　]

　　したがって、3：4＝⑤[　　]：⑥[　　]　　　2：5＝⑦[　　]：⑧[　　]

🎯 **ねらい** 比の性質を理解しよう。　　　　　　　練習 ② ③ ④

🐾 **比の性質**
比 $a：b$ の、a と b に同じ数をかけてできる
比も、a と b を同じ数でわってできる比も、
$a：b$ と等しくなります。

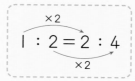

🐾 **比を簡単にする**
比の値を変えないで、比をできるだけ小さい整数の比になおすことを、
比を簡単にするといいます。

2 2：5＝8：x のとき、x にあてはまる数を求めましょう。

解き方 2：5＝8：x
　　　　x＝5×①[　　]　　　　　　2：5＝8：x　　2×□＝8　　□＝8÷2＝4
　　　　＝②[　　]

3 比 1.2：4.2 を簡単にしましょう。

解き方 1.2：4.2＝(1.2×10)：(4.2×①[　　])

　　　　＝②[　　]：③[　　]　　　整数の比になおしてから
　　　　　　　　　　　　　　　　　最大公約数でわるよ。
　　　　＝④[　　]：⑤[　　]

練習

★ できた問題には、「た」をかこう！★
でき ① でき ② でき ③ でき ④

学習日　　月　　日

教科書　161〜164 ページ　答え　29〜30 ページ

1 次の比の中で、3：4と等しい比はどれですか。記号で答えましょう。

教科書　161 ページ **1**、162 ページ **2**

- ⑦　15：24
- ①　6：12
- ⑦　9：12
- ⑤　8：7

（　　　　　）

2 次の◯にあてはまる数や式を書きましょう。

教科書　162 ページ **2**

① 　7：9＝(7×〔⑦　　　〕)：(9×2)＝〔①　　　〕：〔⑦　　　〕

② 　3：11＝(3×5)：〔⑦　　　〕＝〔①　　　〕：〔⑦　　　〕

③ 　35：25＝(35÷5)：(25÷〔⑦　　　〕)＝〔①　　　〕：〔⑦　　　〕

④ 　30：100＝(30÷10)：〔⑦　　　〕＝〔①　　　〕：〔⑦　　　〕

3 x にあてはまる数を求めましょう。

教科書　163 ページ **3**

① 　2：5＝x：10

② 　8：3＝72：x

（　　　　　）　　　　　　　　　　　（　　　　　）

③ 　24：x＝6：7

④ 　x：56＝9：8

（　　　　　）　　　　　　　　　　　（　　　　　）

4 次の比を簡単にしましょう。

教科書　164 ページ **4**

① 　18：30

② 　200：140

（　　　　　）　　　　　　　　　　　（　　　　　）

③ 　1.6：2.4

④ 　$\dfrac{3}{4}：\dfrac{1}{3}$

（　　　　　）　　　　　　　　　　　（　　　　　）

 ● ヒント　　④ ③ 10をかけて、16：24 としてからさらに小さい数にします。
　　　　　　　④ 通分する分母の数（最小公倍数）をかけます。

教科書 165〜166 ページ　答え 30 ページ

🖊 次の　　　にあてはまる数や文字を書きましょう。

◎ねらい 比を使った問題を解けるようにしよう。　練習 ❶

🐾 **比の利用**

等しい比になる数量関係を見つけることによって、問題を解くことができます。

1 サラダ油を小さじ5はい、酢を小さじ3ばいの割合で作るドレッシングがあります。
サラダ油を 30 mL 使って同じドレッシングを作るとき、何 mL の酢が必要ですか。

解き方 サラダ油の量：酢の量から等しい比の式を作ります。

酢の量を x mL とすると、

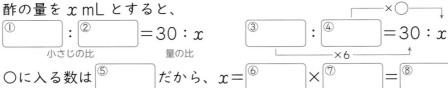

①　　　：②　　　＝30：x　　③　　　：④　　　＝30：x
小さじの比　　　量の比　　　　　　　　　　　　　　×6

○に入る数は⑤　　　だから、x＝⑥　　　×⑦　　　＝⑧　　　　　答え ⑨　　　mL

2 右の図のように、形が同じで大きさのちがう
2枚の三角定規があります。x にあてはまる数を
求めましょう。

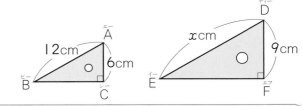

解き方 AB：AC＝DE：DF になるので、12：6＝①　　　：②　　　 …あ

12：6を簡単にすると、　　　12：6＝2：③　　　になるので、

あの式は、2：④　　　＝⑤　　　：9　　したがって、x＝2×⑥　　　＝⑦　　　

◎ねらい 全体の量を比で分けることができるようにしよう。　練習 ❷ ❸

🐾 **比で分ける**

ある量を a：b に分けるとき、全体の量を $a＋b$ で表して考えます。

3 ひろしさんのサッカークラブの人数は 40 人で、男子と女子の人数の比は、5：3です。
このサッカークラブの男子と女子の人数は、それぞれ何人ですか。

解き方 人数の比が5：3のとき、全体の人数は5＋3で表すこと
ができます。よって、全体を1と考えたとき、

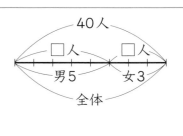

男子は全体の ①　　　だから、40×②　　　＝③　　　（人）

女子は全体の ④　　　だから、40×⑤　　　＝⑥　　　（人）

答え　男子 ⑦　　　人、女子 ⑧　　　人

教科書 165〜166 ページ ⟩ ⟩ 答え 30 ページ

1 高さが 3 m の棒のかげの長さが 4 m になるとき、木のかげの長さは 16 m になりました。

教科書 165ページ **1**

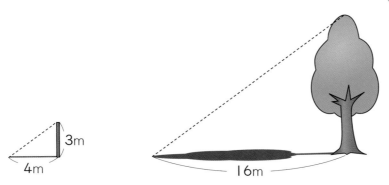

3m
4m
16m

① 棒の高さ：棒のかげの長さ＝木の高さ：木のかげの長さになります。
木の高さを x m として、比が等しい式を書きましょう。

（　　　　　　　　）

② 木の高さは何 m ですか。

（　　　　　　　　）

2 100 個のおはじきを、姉と妹で、3：2 の比になるように分けます。
① 姉のおはじきは何個になりますか。

教科書 166ページ **2**

全体の個数は 3＋2
と表されるね。

（　　　　　　　　）

② 妹のおはじきは何個になりますか。

（　　　　　　　　）

3 マヨネーズとトマトケチャップの重さの比が 8：7 になるオーロラソースを作ります。この
オーロラソースを 180 g 作るには、マヨネーズとトマトケチャップをそれぞれ何 g 混ぜればよ
いですか。

教科書 166ページ **2**

マヨネーズ （　　　　　　　　）

トマトケチャップ （　　　　　　　　）

ヒント **3** 全体の重さを 8＋7＝15 と考えると、全体を 1 と考えたときの
$\frac{8}{15}$ がマヨネーズにあたります。

⑪ 比とその利用

教科書 158〜169 ページ　　答え 30〜31 ページ

知識・技能　　　　　　　　　　　　　　　　　　　　　　　　　　/75点

1 赤玉が7個と白玉が8個、合わせて15個の玉があります。次の割合を比で表しましょう。

各5点(10点)

① 赤玉の数と白玉の数の割合。　　　　　② 赤玉の数と全部の玉の数の割合。

　　　　　　　　　　　　(　　　　　　　)　　　　　　　　　　　　(　　　　　　　)

2 次の㋐〜㋓の比の値を求めましょう。また、等しい比になるものを見つけ、その記号を書きましょう。

各4点(20点)

　　㋐　3:4　　　㋑　6:9　　　㋒　20:15　　　㋓　12:16

比の値　(㋐　　　　　)　(㋑　　　　　)　(㋒　　　　　)　(㋓　　　　　)

等しい比　(　　　と　　　　)

3 よく出る x にあてはまる数を求めましょう。　　　　　　　各5点(20点)

① 3:2=12:x　　　　　　　② 6:7=x:56

　　　　　　　　　　　　(　　　　　　　)　　　　　　　　　　　　(　　　　　　　)

③ 15:x=3:7　　　　　　　④ x:72=5:6

　　　　　　　　　　　　(　　　　　　　)　　　　　　　　　　　　(　　　　　　　)

4 よく出る 次の比を簡単にしましょう。　　　　　　　各5点(20点)

① 42:18　　　　　　　　② 25:150

　　　　　　　　　　　　(　　　　　　　)　　　　　　　　　　　　(　　　　　　　)

③ 0.32:0.48　　　　　　　④ $\dfrac{3}{8}:\dfrac{5}{6}$

　　　　　　　　　　　　(　　　　　　　)　　　　　　　　　　　　(　　　　　　　)

5 ひろしさんのクラスの男子と女子の人数の比は6：5で、男子の人数は18人です。女子の人数を x 人として、等しい比の式を書いて、女子の人数を求めましょう。　式・答え両方できて5点

式

答え（　　　　　　　　　）

思考・判断・表現　　　　　　　　　　　　　　　　　　／25点

6 校庭の木のかげを測ると、10mありました。また、校庭に長さ0.9mの木の棒をまっすぐに立てたら、そのかげの長さが1.5mでした。　各5点（10点）

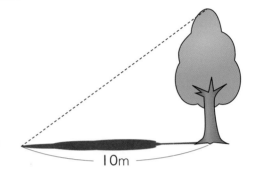

① 木の高さを x m として、比が等しい式を書きましょう。

（　　　　　　　　　）

② 木の高さを求めましょう。

（　　　　　　　　　）

7 よく出る　まわりの長さが150cmの長方形があります。縦と横の長さの比は4：11です。　各5点（10点）

① 縦の長さは何cmですか。

（　　　　　　　　　）

② 横の長さは何cmですか。

（　　　　　　　　　）

できたらスゴイ！

8 たかしさんはカードを10枚、まさえさんはカードを8枚持っています。
たかしさんがまさえさんにカードを何枚かわたすと、たかしさんのカードの枚数とまさえさんのカードの枚数の比は、1：2になりました。
たかしさんは、まさえさんに何枚カードをわたしましたか。　　（5点）

（　　　　　　　　　）

 ❶がわからないときは、72ページの❶にもどって確認してみよう。

ぴったり1
準備

3分でまとめ

12 拡大図と縮図
（かくだい ず）（しゅく ず）

① 図形の拡大図・縮図

学習日
月　　日

教科書 170〜174 ページ　答え 31 ページ

✐ 次の ▢ にあてはまる数やことば、記号を書きましょう。

◎ねらい 拡大図と縮図について理解しよう。　　練習 ① ②

👣 拡大図と縮図

　対応する角の大きさがそれぞれ等しく、対応する辺の長さの比がすべて等しくなるように
のばした図を**拡大図**といい、縮めた図を**縮図**といいます。

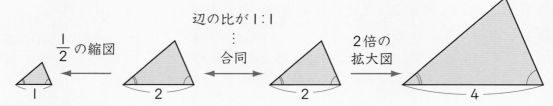

$\frac{1}{2}$ の縮図　　　　　　辺の比が 1:1　　　　　　2倍の拡大図
　　　　　　　　　　　　　　　合同

👣 拡大図と縮図の性質

　拡大図、縮図では、対応する辺の長さの比は、すべて等しくなっています。
　また、対応する角の大きさも等しくなっています。

1 右の⑦、⑦の図を比べましょう。

(1)　対応する辺の長さの比について調べましょう。

(2)　対応する角の大きさについて調べましょう。

(3)　拡大図や縮図といえるか調べましょう。

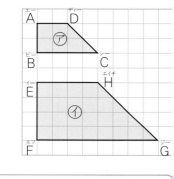

解き方 (1)　辺ＡＢに対応する辺は辺 ①▢ で、

　辺ＡＢと辺 ②▢ の長さの比は、1：③▢ になります。

　辺ＢＣと辺 ④▢ 、辺ＣＤと辺 ⑤▢ 、

　辺ＤＡと辺 ⑥▢ の長さの比も、

　⑦▢ ：⑧▢ になります。

(2)　角Ａと対応する角は角 ①▢ で、大きさは

　どちらも ②▢ ° で等しくなっています。

　　角Ｃと対応する角は角Ｇで、大きさはどちらも

　③▢ ° で等しくなっています。

　　ほかの対応する角の大きさもそれぞれ等しくなっています。

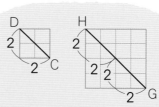

ななめの線は上のように
目もりを数えて調べます。
ＧＨはＣＤの2つ分なので、
ＣＤ：ＧＨ＝1：2になります。

(3)　(1)、(2)から、対応する辺の比はすべて等しく、対応する
　角の大きさも等しくなります。

　　対応する辺の比が、1：2であることから、

　⑦は⑦の ①▢ 倍の拡大図、⑦は⑦の ②▢ の ③▢ といえます。

練習

★ できた問題には、「た」をかこう！★

😀 でき ① 😀 でき ②

📖 教科書　170～174 ページ　　✏️ 答え　31 ページ

1 次の図で、⑦の拡大図はどれですか。記号ですべて選びましょう。
また、何倍の拡大図ですか。

📖 教科書　172 ページ **2**、174 ページ ▶

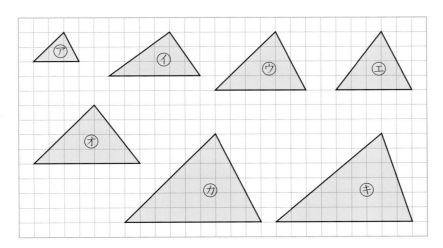

(　　　　　　　　　　　　　　　)

2 右の図で、①は⑦の拡大図です。

📖 教科書　172 ページ **2**、174 ページ ▶

① 辺ABと辺EFの長さの比を求めましょう。

(　　　　　　　　　)

② 角Cに対応する角は、どの角ですか。

(　　　　　　　　　)

③ ⑦は①の何分のいくつの縮図ですか。

(　　　　　　　　　　　　)

④ 辺EHの長さが15cmのとき、辺ADの長さを求めましょう。

(　　　　　　　　　　　　)

 ❶ 上の頂点から左下、右下の頂点への進み方を比べます。
　　　　❷ ④は、③の結果を利用します。

📖 教科書 175〜180ページ ➡ 答え 32ページ

✏️ 次の □ にあてはまる数やことばを書きましょう。

🎯 **ねらい** 拡大図や縮図をかくことができるようにしよう。　　練習 ❶ ❷ ❸

🐾 **拡大図や縮図のかき方**

方眼紙を使ったかき方　方眼の数を調べてかきます。

辺の長さや角の大きさを使ったかき方　拡大図は、合同な図形のかき方を使い、辺の長さを何倍かして、角の大きさは同じにしてかくことができます。

1つの点を中心にしたかき方

1つの頂点とほかの頂点を結ぶ直線を利用して、拡大図や縮図をかくことができます。このもとにする点を ちゅうしん **中心** といいます。

右の三角形DEFは三角形ABCの2倍の拡大図です。

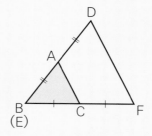 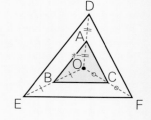

点B（E）を中心にかく。　点Oを中心にかく。

1 三角形ABCの2倍の拡大図のかき方を、3通り考えましょう。

⑦　　　　　⑦　　　　　⑦

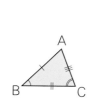 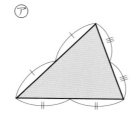 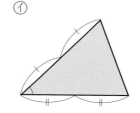 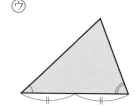

解き方 ⑦　辺AB、辺BC、辺ACの長さを、それぞれ [①___] 倍にした長さを使ってかきます。

⑦　辺AB、辺BCの長さを、それぞれ [②___] 倍にした長さと、その [③___] の角の大きさを使ってかきます。

⑦　辺BCの長さを [④___] 倍にした長さと、その [⑤___] の角の大きさを使ってかきます。

2 三角形ABCの2倍の拡大図を、点Aを中心にしてかきましょう。

解き方 ❶　直線ABをのばす。

❷　❶の直線の上に、点Aから辺ABの2倍の長さになる点Dをとる。

❸　直線ACをのばす。

❹　❸の直線の上に、点Aから辺ACの2倍の長さになる点Eをとる。

❺　点Dと点Eを結ぶ。三角形ADEが三角形ABCの2倍の拡大図になる。

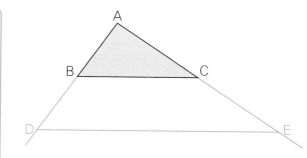

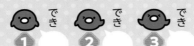

★ できた問題には、「た」をかこう！★

でき ① でき ② でき ③

📖 教科書 175〜180 ページ　▶ 答え　32 ページ

1 下の方眼紙に、次の縮図や拡大図をかきましょう。　教科書 175 ページ **1**

① 三角形ABCを $\frac{1}{2}$ に縮小した三角形DEFをかきましょう。点Bに対応する点Eは、図のように決めてあります。

② 四角形GHIJを2倍に拡大した四角形KLMN（ケーエルエムエヌ）をかきましょう。点Hに対応する点Lは、図のように決めてあります。

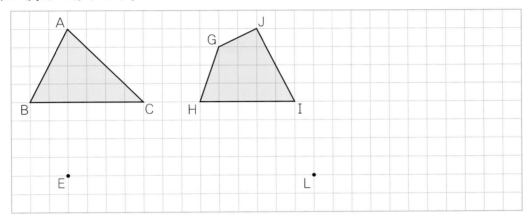

2 次の三角形ABCを $\frac{1}{2}$ に縮小した三角形DEFを □ の中にかきましょう。

教科書 178 ページ **3**

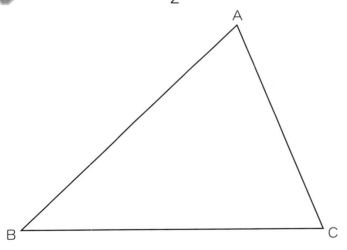

3 点Oを中心にして、次の四角形ABCDを2倍に拡大した四角形EFGHをかきましょう。

教科書 180 ページ **5**

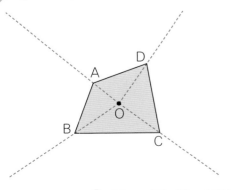

OAをのばした直線上に
OA：OE＝1：2に
なるように点Eをとります。

● ヒント　　**2**「3つの辺」「2つの辺とその間の角」「1つの辺とその両はしの角」を測ってかく3通りの方法があります。

③ 縮図の利用

教科書 181〜182ページ　　答え 32ページ

次の◯◯にあてはまる数を書きましょう。

🎯 ねらい　実際の長さと縮図の上の長さの関係を理解しよう。　　練習 ① ② ③

🐾 縮図の利用

実際の長さを縮めた割合を**縮尺**といいます。縮尺＝$\dfrac{縮図の上の長さ}{実際の長さ}$（縮図の上の長さ÷実際の長さ）が1000分の1のとき、次の3つの表し方があります。

㋐ $\dfrac{1}{1000}$　　㋑ 1：1000　　㋒

1 右の公園の縮図を見て答えましょう。

(1) ひろばの縦（たて）の長さ20mは、縮図では何cmですか。

また、それは、実際の長さの何分の一になっていますか。

(2) 縮図の上で1cmの長さは、実際には何mですか。

(3) ひろばの実際の横の長さは何mですか。

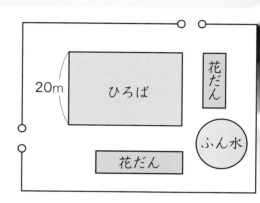
20m　ひろば　花だん　花だん　ふん水

解き方 (1) ひろばの縦の長さは、縮図では ◯① cmになっています。

実際の長さは、20m＝◯② cmだから、

$\dfrac{2}{◯③}＝\dfrac{1}{◯④}$ になっています。

1m＝100cm だね。

(2) 縮尺が□分の1のとき、**実際の長さ＝縮図の上の長さ×□** になります。

縮尺が $\dfrac{1}{◯①}$ だから、縮図の上での1cmは、

1×◯② ＝◯③ (cm)→◯④ m

(3) 縮図の上でのひろばの横の長さは、◯① cmになっているので、

3×◯② ＝◯③ (cm)→◯④ m

2 $\dfrac{1}{500}$ の縮尺でかいた町の縮図があります。縮図では、駅前の道路の幅（はば）は5cmです。

実際の幅は何mですか。

解き方 縮尺が $\dfrac{1}{500}$ だから、縮図の上での5cmは、

5×◯① ＝◯② (cm)→◯③ m

つたり 2
練習

★ できた問題には、「た」をかこう！★
でき ① でき ② でき ③

教科書 181〜182 ページ
答え 32〜33 ページ

1 右の図は、ひろきさんの町の図書館の縮図です。

教科書 181 ページ **1**

① 60 m の長さは、縮図の上では何 cm ですか。

( )

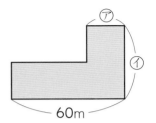
60m

② 何分の一の縮図になっていますか。

( )

③ ⑦、⑥の実際の長さは、それぞれ何 m ですか。

⑦ ( )　⑥ ( )

2 川の幅を調べるために、右のような縮図をかきました。

教科書 181 ページ **1**

① 何分の一の縮図ですか。

( )

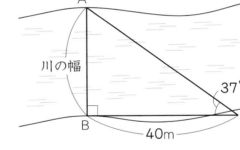
A
川の幅
37°
B
40m

② 実際の川の幅は何 m ですか。

( )

3 次の図で、実際の鉄とうの高さは約何 m ですか。$\frac{1}{500}$ の縮図をかいて求めましょう。

教科書 182 ページ ▶

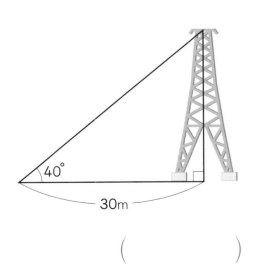
40°
30m

( )

ぴったり3
確かめのテスト

⑫ 拡大図と縮図
かくだい ず　しゅく ず

時間 30分

／100

合格 80点

教科書 170〜185 ページ　答え 33 ページ

知識・技能

／60点

1 よく出る 次の図で、⑦の拡大図をすべて選び、記号で答えましょう。 (10点)

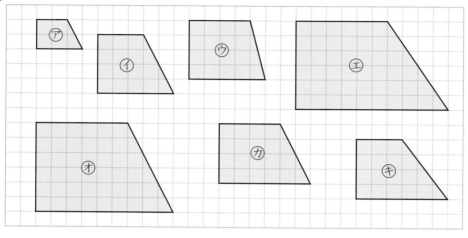

(　　　　　)

2 右の三角形①は、三角形⑦の拡大図です。 各5点(20点)

① 角Cに対応する角は、どの角ですか。

(　　　　　)

② ①は、⑦の何倍の拡大図ですか。

(　　　　　)

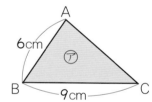

③ 辺AC、DEの長さはそれぞれ何cmですか。

AC (　　　　　)

DE (　　　　　)

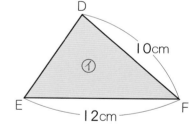

3 点Bを中心にして、次の三角形ABCを2倍に拡大した三角形DBEと $\frac{1}{2}$ に縮小した三角形FBGをかきましょう。 各5点(10点)

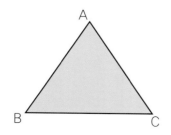

4 右の図は、校庭のすみにある花だんの縮図です。　　　　　　各5点(20点)

① 辺ＡＢの長さは、縮図の上では何 cm ですか。
また、この縮図の縮尺は何分の一ですか。

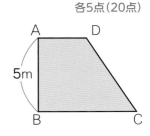

辺ＡＢ (　　　　　　　)　　縮尺 (　　　　　　　)

② 辺ＣＤの実際の長さは6ｍです。縮図の上では何 cm ですか。

(　　　　　　　)

③ 辺ＢＣの長さは、縮図の上では 2.6 cm です。実際の長さは何 m ですか。

(　　　　　　　)

思考・判断・表現　　　　　　　　　　　　　　　　　　　／40点

5 次の図の建物の実際の高さは約何 m ですか。$\frac{1}{400}$ の縮図をかいて求めましょう。　(10点)

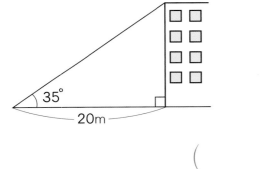

(　　　　　　　)

6 右の図は、縮尺 $\frac{1}{50000}$ の地図です。　　　　　　各10点(30点)

① 実際には 1km ある長さは、この地図では、何 cm に表されていますか。

(　　　　　　　)

② この地図の川の幅アイは、実際には何 m ありますか。

(　　　　　　　)

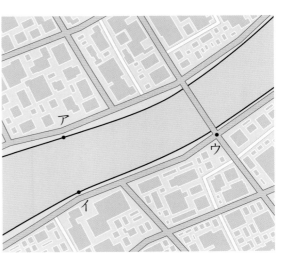

③ この地図のイからウまでの川ぞいの道を時速4km で歩くと、約何分かかりますか。

(　　　　　　　)

ふりかえり　❶がわからないときは、80 ページの❶にもどって確認してみよう。

3分でまとめ

13 比例と反比例

① 比例

教科書 186〜193 ページ　答え 34 ページ

次の□にあてはまる数や文字、ことばを書きましょう。

◎ねらい 比例について理解しよう。　　　　　　　　　　練習 ①

🐾 比例

　y(ワイ) が x(エックス) に比例するとき、x の値(あたい)が□倍になると、y の値も□倍になります。

1 紙の枚数(まいすう) x 枚と重さ y g の関係を調べた
ら、右の表のようになりました。

(1) y は x に比例していますか。

(2) 600 g の紙の束があります。この紙は何枚ありますか。

紙の枚数と重さ

枚数 x(枚)	10	20	30	40	50
重さ y(g)	40	80	120	160	200

解き方 (1) x の値が2倍、3倍、…になると、y の値も①[　]倍、②[　]倍、…になっ
ているので、③[　]は④[　]に⑤[　]しています。

(2) 紙全部の重さを量れば、全部の枚数を求めることができ
ます。

　　重さ 600 g は、40 g の①[　]倍になっているので、

　枚数も②[　]倍になり、10×③[　]=④[　](枚)

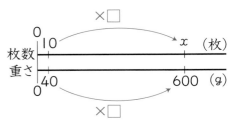

◎ねらい 比例の関係を式で表すことができるようにしよう。　練習 ②

🐾 比例の式

　2つの量 x と y があって、y が x に比例するとき、この関係を式で表すと、

　　　　　$y＝$ きまった数 $×x$

🐾 比例の関係で「きまった数」が表すもの

　① x の値が1増えるときの、y の値の増える量

　② $y÷x$ の商　　　③ x が1のときの y の値

2 針金(はりがね)の長さ x m と重さ y g の関係を調べ
たら、右の表のようになりました。

(1) $y÷x$ の商を求めましょう。

(2) x と y の関係を式に表しましょう。

針金の長さと重さ

長さ x(m)	1	2	3	4	5
重さ y(g)	30	60	90	120	150

$y÷x$ の商は、
針金1mあたりの
重さを表しているね。

解き方 (1) $30÷1＝$①[　]、$60÷$②[　]$＝$③[　]、…

　　　$150÷5＝$④[　]　　$y÷x$ の商は、いつでも⑤[　]です。

(2) 針金1mあたりの重さが①[　]gであることを使うと、

　　長さ x m のときの重さ y g は、$y＝$②[　]$×x$ と表せます。

練習

★ できた問題には、「た」をかこう！★

でき ① でき ②

教科書 186〜193 ページ　　答え 34 ページ

① 時速4km で歩くときの時間と道のりの関係を調べましょう。　　教科書 190 ページ ❸

時速4km で歩くときの時間と道のり

時間 x（時間）	1	2	3	4	5	6
道のり y（km）	4	8	12	㋐	㋑	㋒

① 表の㋐〜㋒に、道のりを書き入れましょう。

② x の値が2倍、3倍、…になると、それに対応する y の値はどのように変わりますか。

（　　　　　　　　　　　　　　）

③ y は x に比例していますか。

（　　　　　　　　　　　　　　）

④ x の値が $\frac{1}{2}$ 倍、$\frac{1}{3}$ 倍になると、それに対応する y の値はどのように変わりますか。

（　　　　　　　　　　　　　　）

② 正五角形の1辺の長さを x cm、まわりの長さを y cm として、x と y の関係を調べましょう。　　教科書 191 ページ ❹、193 ページ ❺

正五角形の1辺の長さとまわりの長さ

1辺の長さ x（cm）	1	2	3	4	5	6
まわりの長さ y（cm）	5	10	㋐	㋑	㋒	㋓

① 表の㋐〜㋓に、まわりの長さを書き入れましょう。

② y は x に比例していますか。

（　　　　　　　　　　　　　　）

③ x と y の関係を式に表しましょう。

（　　　　　　　　　　　　　　）

④ 1辺の長さが18cm のときのまわりの長さを求めましょう。

（　　　　　　　　　　　　　　）

$x$cm

比例の関係は、
$y＝$きまった数$×x$、
$y＝x×$きまった数、
のどちらかで表せます。

13 比例と反比例
② 比例のグラフ
③ 比例の性質の利用

教科書 194〜198 ページ　答え 34 ページ

✎ 次の▢にあてはまる数や記号、ことばを書きましょう。

◎ねらい 比例の関係を表すグラフをかくことができるようにしよう。　練習 ①③

🐾 比例のグラフ

比例の関係をグラフに表すと、縦の軸と横の軸が交わる0の点を通る直線になります。

1 時速40kmで走ったときの時間と道のりの関係を表すグラフを、かきましょう。

時速40kmで走った時間と道のり

時間 x（時間）	0	1	2	3	4	5
道のり y（km）	0	40	80	120	160	200

解き方 上の表の、xの値と対応するyの値の組を表す点を右の図にとります。

（$x=0$、$y=$ 0）を表す点が図の①▢、

（$x=1$、$y=40$）を表す点が図の②▢、

…、（$x=5$、$y=$③▢）を表す点が図のカ、のように点をとります。これらの点を結ぶと、1本の④▢になり、右のようなグラフになります。

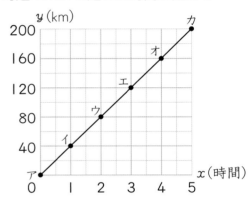

時速40kmで走った時間と道のり

◎ねらい 比例の性質を使って問題が解けるようにしよう。　練習 ②③

🐾 ともなって変わる2つの量の一方を求める方法　ともなって変わる2つの量が比例するとき、比例の性質や比例の式を使って、もう一方の量を求めることができます。

2 次の表は、おはじきの個数x個と重さygの関係を表したものです。おはじき60個の重さは何gですか。

おはじきの個数と重さ

おはじきの個数 x（個）	0	10	20	30	40
おはじきの重さ y（g）	0	25	50	75	100

解き方 解き方1　比例の性質を使います。

60個は10個の6倍だから、重さも①▢倍で、

60個の重さは、②▢×③▢=④▢（g）

解き方2　比例の式を使います。$y÷x$の商は⑤▢になるので、xとyの関係を表す式は、$y=$⑥▢$×x$

60個の重さは、xに⑦▢をあてはめて、$y=$⑧▢×⑨▢=⑩▢（g）

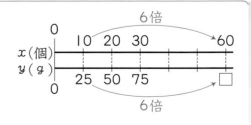

1 1分間に3Lずつ水をためていきます。

教科書 194ページ **1**、196ページ **2**

① ためた時間 x 分とたまった水の量 y L の関係を表にまとめます。次の表の⑦〜⑦にあてはまる数をそれぞれ書きましょう。

ためた時間と水の量

ためた時間 x(分)	0	1	2	4	6	8	10
水の量 y(L)	0	3	⑦	④	⑨	⑤	⑦

② ①の表の関係をグラフに表しましょう。

③ グラフから、次のものを読み取りましょう。

　⑦　9分後の水の量。

　（　　　　　　　）

　④　15Lの水をためるのにかかった時間。

　（　　　　　　　）

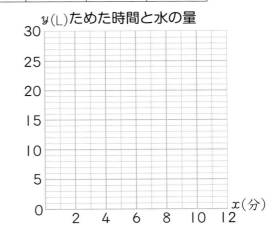

2 ある工作用紙30枚の重さは150gです。この工作用紙をたくさん重ねて重さを量ると3000gでした。工作用紙は何枚ありますか。

教科書 197ページ **1**

　（　　　　　　　）

枚数と重さは比例するね。

3 長さが x cm の針金の重さを y g として、x と y の関係をグラフに表すと右のようになりました。

教科書 198ページ **2**

① 針金の長さが5cm増えると、針金の重さは何g増えますか。

　（　　　　　　　）

② x と y の関係を式に表しましょう。

　（　　　　　　　）

③ 重さが360gのときの針金の長さは何cmですか。

　（　　　　　　　）

ヒント **2** 3000gは150gの●倍→工作用紙は（30×●）枚
1枚の重さは■g　　→工作用紙は（3000÷■）枚

ぴったり 1
準備

3分でまとめ

13 比例と反比例

④ 反比例－(1)

学習日　　月　　日

教科書 199～200 ページ　答え 34 ページ

✏️ 次の ▢ にあてはまる数やことばを書きましょう。

🎯 ねらい　反比例の意味を理解しよう。　　　　　　　　　　練習 ① ②

🐾 反比例

ともなって変わる2つの量 x と y があって、x の値が2倍、3倍、…になると、

y の値は $\frac{1}{2}$ 倍、$\frac{1}{3}$ 倍、…になるとき、**y は x に反比例する**といいます。

・反比例に対して比例のことを**正比例**ということがあります。

・y が x に反比例するとき、x の値が□倍になると、y の値は $\frac{1}{□}$ 倍になります。

1 面積が 12 cm² の長方形について、横の長さを x cm、縦の長さを y cm として、x と y の変わり方を調べましょう。

解き方 ● x と y の関係を表にまとめると、次のようになります。

面積が 12 cm² の長方形の横と縦の長さ

横の長さ x(cm)	1	2	3	4	6	12
縦の長さ y(cm)	12	①	②	③	④	1

● x の値が2倍、3倍、…になるとき、それに対応する y の値の変わり方を調べると、次のようになります。

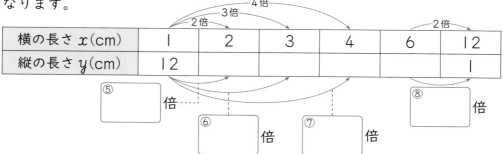

横の長さ x(cm)	1	2	3	4	6	12
縦の長さ y(cm)	12					1

⑤ ▢ 倍　⑥ ▢ 倍　⑦ ▢ 倍　⑧ ▢ 倍

● x の値が $\frac{1}{2}$ 倍、$\frac{1}{3}$ 倍、…になるとき、それに対応する y の値の変わり方を調べると、次のようになります。

横の長さ x(cm)	1	2	3	4	6	12
縦の長さ y(cm)	12	6	4	3	2	1

⑨ ▢ 倍　⑩ ▢ 倍

x の値が□倍になると、y の値は $\frac{1}{□}$ 倍になっているので、

y は x に ⑪ ▢ するといえます。

教科書 199〜200ページ　答え 35ページ

1 次の表は、面積が同じになる三角形の底辺の長さを x cm、高さを y cm として、x と y の関係をまとめたものです。

教科書 199ページ ❶

三角形の底辺の長さと高さ

底辺 x(cm)	1	2	3	6	9	18
高さ y(cm)	18	9	6	3	2	1

① この三角形の面積は何 cm² ですか。

（　　　　　　　）

② x の値が2倍、3倍、…になると、y の値はどう変わりますか。

（　　　　　　　）

③ x の値が $\frac{1}{2}$ 倍、$\frac{1}{3}$ 倍になると、y の値はどう変わりますか。

（　　　　　　　）

④ y は x に反比例していますか。

（　　　　　　　）

2 次のあ〜⑤について、表のあいているところをそれぞれうめましょう。また、y が x に反比例しているものはどれですか。記号で答えましょう。

教科書 199ページ ❶、200ページ ▶

あ 30 L のペンキがあり、x L 使ったときの残りのペンキの量を y L とする。

使ったペンキの量と残りのペンキの量

使ったペンキの量 x(L)	5	10	15	20	25
残りのペンキの量 y(L)	⑦	20	⑦	10	⑨

⑤ 60 km の道のりを進むとき、速さを時速 x km、かかる時間を y 時間とする。

時速と時間

時速 x(km)	5	10	15	20
時間 y(時間)	⑨	6	4	⑨

⑤ まわりの長さが 50 cm の長方形の、縦の長さを x cm、横の長さを y cm とする。

長方形の縦と横の長さ

縦 x(cm)	5	10	15	20
横 y(cm)	20	⑨	⑨	5

縦＋横はまわりの長さの半分だね。

反比例しているもの（　　　　　　　）

 **2** 一部だけ、x が○倍になるとき、y が $\frac{1}{○}$ 倍になっていても、ほかの部分がそうなっていないものは、反比例とはいえません。

93

④ **反比例－(2)**

教科書 201〜203 ページ 答え 35 ページ

✎ 次の◯◯にあてはまる数や記号を書きましょう。

🎯 **ねらい** 反比例の関係を式やグラフに表すことができるようにしよう。　練習 ① ②

🐾 **反比例の式**

　2つの量 x と y があって、y が x に反比例するとき、この関係を式に表すと、次のようになります。

$$x × y＝きまった数　　(y＝きまった数÷x)$$

1 次の表は、面積が 12 cm² の長方形で、横の長さを x cm、縦の長さを y cm として、x と y の関係をまとめたものです。

面積が 12 cm² の長方形の横と縦の長さ

横の長さ x(cm)	1	2	3	4	6	12
縦の長さ y(cm)	12	6	4	3	2	1

(1) 対応する x と y の値の積を計算しましょう。

(2) x と y の関係を式に表しましょう。

(3) x の値が8のときの、y の値を求めましょう。

解き方 (1) 1×12＝12　　2×①◯◯＝②◯◯　　3×③◯◯＝④◯◯ …

のように、どれも⑤◯◯になります。

(2) x と y の値の積が①◯◯になることから、$x × y＝$②◯◯になります。

(3) (2)の式 $x × y＝$①◯◯の x に8をあてはめて、

②◯◯×$y＝$③◯◯　　$y＝$④◯◯÷⑤◯◯＝⑥◯◯

2 **1** の表の x の値と対応する y の値の組を表す点をかきましょう。

解き方 **1** の表の x の値と対応する y の値の組を表す点を図にとると、右のようになります。たとえば、

($x＝1$、$y＝12$)を表す点は図のア、

($x＝2$、$y＝6$)を表す点は図の①◯◯、…、

($x＝4$、$y＝3$)を表す点は図の②◯◯、…

のようになっています。

面積が12cm²の長方形の横と縦の長さ

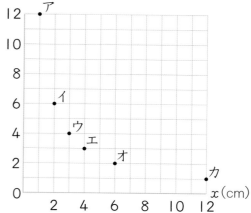

練習

★ できた問題には、「た」をかこう！★
😊 でき ① 😊 でき ②

📖 教科書 201～203 ページ　➡ 答え　35 ページ

1 容積が 30 L の容器に水を入れます。1 分間に入れる水の量を x L、いっぱいになるまでの時間を y 分とします。

教科書 201 ページ ❷

1 分間に入れる水の量といっぱいになるまでの時間

水の量 x(L)	1	2	3	5	6	10	15	30
時間 y(分)	30	15	㋐	㋑	㋒	㋓	㋔	1

① 表の㋐～㋔にあてはまる数をそれぞれ書きましょう。

② y は x に反比例していますか。

（　　　　　　　　　）

③ x と y の関係を式に表しましょう。

（　　　　　　　　　）

④ ③の式を使って、1 分間に入れる水の量が 12 L のとき、いっぱいになるまで何分かかるか求めましょう。

（　　　　　　　　　）

⑤ 表の x の値と対応する y の値の組を表す点を、右の図にかきましょう。

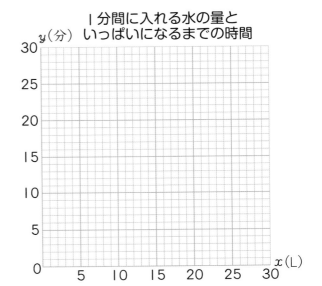

1 分間に入れる水の量と
いっぱいになるまでの時間

📖 **よくよんで**

2 1 人が 1 日に同じだけ仕事をすると、42 日かかる仕事があります。この仕事を x 人ですると、y 日かかります。

教科書 203 ページ ❸

① この仕事を 2 人ですると何日かかりますか。

（　　　　　　　　　）

② x と y の関係を式に表しましょう。

（　　　　　　　　　）

表をかいてみる
とわかるかな…。

③ この仕事を 7 日間で仕上げるのに必要な人数を求めましょう。

（　　　　　　　　　）

😊 **ヒント**　❷ 2 人だと、1 人でかかる日数の $\frac{1}{2}$、3 人だと $\frac{1}{3}$ の日数になるので、人数とかかる日数は反比例します。

⑬ 比例と反比例

教科書 186〜209ページ ⇒答え 36ページ

知識・技能 /70点

1 よく出る y が x に比例するもの、y が x に反比例するものを、次の㋐〜㋓の中からそれぞれ1つ選び、記号で答えましょう。また、x と y の関係を式に表しましょう。

記号・式 各5点(20点)

㋐ 正方形の、1辺の長さ x cm と面積 y cm²。
㋑ 面積が 30 cm² の長方形の、縦の長さ x cm と横の長さ y cm。
㋒ 200 ページある本を、x ページ読んだときの残りのページ数 y ページ。
㋓ 時速 50 km で進むときの、時間 x 時間と道のり y km。

比例するもの　記号（　　　）式（　　　）

反比例するもの　記号（　　　）式（　　　）

2 よく出る 1Lのガソリンで 12 km 走る自動車があります。
使ったガソリンの量を x L、走った道のりを y km とします。

各5点(20点)

① 走った道のり y km は、何に比例するといえますか。

（　　　）

② x と y の関係を式に表しましょう。

（　　　）

③ x の値と対応する y の値の関係をグラフに表しましょう。

④ 180 km 走ったとき、ガソリンは何 L 使いましたか。

（　　　）

ガソリンの量と走る道のり
y(km)
120, 100, 80, 60, 40, 20
2 4 6 8 10 x(L)

3 あるくぎ 50 本の重さを量ったら 400 g でした。このくぎをたくさん集めて重さを量ると 5kg でした。くぎは何本ありますか。

式・答え 各5点(10点)

式

答え（　　　）

4 18 km の道のりを行くときの時速と時間の関係を調べましょう。

全部できて各5点（20点）

① 時速 x km と時間 y 時間の関係を、次の表にまとめましょう。

時速と時間

時速 x(km)	1	2	3	6	9	18
時間 y(時間)						

② y は x に反比例していますか。

（　　　　　　　　　）

③ x と y の関係を式に表しましょう。

（　　　　　　　　　）

④ 上の表の x の値と対応する y の値の組を表す点を、右の図にかきましょう。

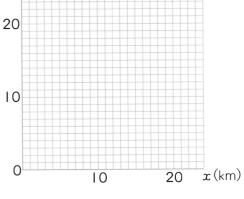

時速と時間

思考・判断・表現

／30点

5 右のグラフは、2つのちがったリボンⒶ、Ⓑの長さ x m と代金 y 円の関係を表したものです。

各3点（15点）

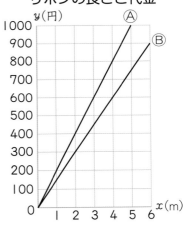

リボンの長さと代金

① どちらが値段（ねだん）の高いリボンといえますか。

（　　　　　　　　　）

② グラフから、それぞれの4mのときの代金を読み取りましょう。

Ⓐ（　　　　　　）Ⓑ（　　　　　　）

③ それぞれのリボンの1mあたりの代金は何円ですか。

Ⓐ（　　　　　　）Ⓑ（　　　　　　）

6 6人が1日にそれぞれ同じだけ仕事をすると8日かかる仕事があります。この仕事を x 人ですると、y 日かかります。

各5点（15点）

① この仕事を1人ですると何日かかりますか。

（　　　　　　　　　）

② x と y の関係を式に表しましょう。

（　　　　　　　　　）

③ この仕事を3日で終わらせるには何人ですればよいですか。

（　　　　　　　　　）

ふりかえり **2** がわからないときは、90 ページの **1 2** にもどって確認してみよう。

14 データの活用
データの活用ー(1)

教科書 212〜215ページ　答え 37ページ

✏ 次の◯◯にあてはまる数を書きましょう。

🎯ねらい　身のまわりの問題を、データを分析して解決しよう。　練習 ❶ ❷

🐾PPDACサイクル

　解決したい問題があって、その問題を解決していく方法の一つに、**PPDACサイクル**と呼ばれるものがあります。このサイクルは、次の5つの手順があり、それぞれの頭文字をとっています。

(1)	Problem	**問題**を見つける。
(2)	Plan	**計画**を立てる。
(3)	Data	**データ**を集める。
(4)	Analysis	データの**分析**をする。
(5)	Conclusion	**結論**を出す。

1　「地球温暖化」といわれています。次の表は、1995年と2020年のA市の月平均気温を調べたものです。

A市の月平均気温　　　　　　　　(℃)

年＼月	1	2	3	4	5	6	7	8	9	10	11	12
1995	6.1	6.2	9.8	14.6	18.8	22.1	27.5	30.1	24.2	19.3	12.1	7.2
2020	6.5	7.9	9.7	15.5	19.7	24.0	27.8	28.0	24.5	19.3	13.6	8.7

(1)　1995年と2020年の月平均気温の平均値は、それぞれ何℃ですか。

(2)　1995年と2020年の月平均気温の中央値は、それぞれ何℃ですか。

(3)　(1)、(2)から、どのようなことがいえますか。

解き方 (1)　1995年、2020年の月平均気温の和はそれぞれ198.0℃、205.2℃なので、これらの値を①◯◯でわって求めます。1995年の月平均気温の平均値は②◯◯℃、2020年の月平均気温の平均値は③◯◯℃です。

(2)　1995年の月平均気温で、小さい方から6番目の値は14.6℃、7番目の値は①◯◯℃なので、1995年の月平均気温の中央値は、$(14.6 + ②◯◯) \div 2 = ③◯◯$ (℃)です。

同じようにして、2020年の月平均気温の中央値を求めると、④◯◯℃です。

(3)　(1)、(2)から、月平均気温の平均値も中央値もともに◯◯年の方が大きいことがわかります。

📖教科書 212～215ページ　➡答え 37ページ

1 埼玉県熊谷市について 1972 年と 2022 年の8月1日から8月20日までの日ごとの最高気温を調べると、次の表の結果がわかりました。

教科書 212ページ 1

1972 年の8月1日～20日の
日ごとの最高気温

日	気温(℃)	日	気温(℃)
1	31.5	11	34.3
2	32.0	12	34.5
3	32.1	13	35.5
4	34.5	14	35.0
5	34.6	15	34.5
6	34.3	16	34.4
7	30.9	17	33.9
8	36.7	18	34.3
9	34.5	19	36.2
10	34.4	20	34.3

2022 年の8月1日～20日の
日ごとの最高気温

日	気温(℃)	日	気温(℃)
1	38.4	11	36.8
2	38.9	12	35.4
3	38.9	13	27.4
4	27.9	14	34.5
5	27.3	15	33.9
6	29.4	16	37.8
7	32.6	17	29.5
8	36.5	18	31.4
9	38.2	19	34.2
10	38.0	20	29.3

① いちばん高かった気温を、それぞれの年について求めましょう。

1972 年 (　　　　)　2022 年 (　　　　)

② 最高気温が 35 ℃ 以上の日(猛暑日)の日数を、それぞれの年について求めましょう。

1972 年 (　　　　)　2022 年 (　　　　)

③ 平均値を、それぞれの年について、四捨五入して小数第一位まで求めましょう。

1972 年 (　　　　)　2022 年 (　　　　)

④ 中央値を、それぞれの年について、四捨五入して小数第一位まで求めましょう。

1972 年 (　　　　)　2022 年 (　　　　)

2 1 の結果から、やすしさんは次のように考えました。□にあてはまることばや数を書きましょう。

教科書 212ページ 1

① [　　　] は 2022 年の方が高く、猛暑日の日数も ② [　　] 年の方が ③ [　　] です。しかし、④ [　　] はほぼ同じで、⑤ [　　] は ⑥ [　　] 年の方がやや ⑦ [　　] です。したがって、2022 年の方が 1972 年よりも最高気温が高いかどうかは、⑧ [　　　　　]。

●ヒント● 1 ④ 中央値は気温が低い方から 10 番目と 11 番目の値の平均値です。

14 データの活用

データの活用−(2)

教科書 216〜217ページ　答え 37ページ

✎ 次の◯◯にあてはまる数やことばを書きましょう。

ねらい データを目的に応じて活用できるようにしよう。　練習 ❶ ❷ ❸

🐾 **データの活用**

データを度数分布表に表したり、柱状グラフにかいたりして、ちらばりのようすを調べます。平均値、最頻値、中央値のどの代表値を使うかは、データの分布や、データを活用する目的によって決めます。

1 右の**表1**は、ある年の東京23区の人口をまとめたものです。

(1) 23区の人口の合計を977万人とすると、23区の平均値は約何万人ですか。千の位を四捨五入して求めましょう。

また、人口が平均値にもっとも近い区はどこですか。

(2) 右下の**表2**の㋐〜㋒にあてはまる区の数を書きましょう。

(3) 区の数がもっとも多い階級は、何万人以上何万人未満のところですか。

(4) 中央値は、どの階級にふくまれますか。

(5) (1)で求めた平均値は、どの階級のところですか。

表1　東京23区の人口

区	人口(人)
せたがや	940225
ねりま	752180
おおた	745010
あだち	695800
えどがわ	690383
すぎなみ	589671
いたばし	584862
こうとう	534893
かつしか	455348
しながわ	422087
きた	357911
しんじゅく	352432
なかの	345809
としま	305070
めぐろ	285812
すみだ	279295
みなと	265894
ぶんきょう	244261
しぶや	243292
あらかわ	218976
たいとう	218262
ちゅうおう	174484
ちよだ	68106
合計	9770063

解き方 (1)　平均値は、◯①◯万÷◯②◯を計算して求めます。商の千の位の数は◯③◯なので、四捨五入すると、約◯④◯万人です。

人口が平均値にもっとも近い区は◯⑤◯区です。

(2)　データは人口が多い順にならんでいます。区の数を数えると、㋐は◯①◯、㋑は◯②◯、㋒は◯③◯が入ります。

(3)　区の数が◯①◯の、◯②◯万人以上◯③◯万人未満の階級です。

(4)　中央値は、人口が多い順にならべたときの◯①◯番目の人口です。

◯②◯区の人口になるので、◯③◯万人以上◯④◯万人未満の階級にふくまれます。

(5)　平均値は約◯①◯万人なので、◯②◯万人以上◯③◯万人未満の階級のところです。

表2　東京23区の人口

人口(人)		区
0以上〜 200000未満		2
200000〜 400000		㋐
400000〜 600000		㋑
600000〜 800000		㋒
800000〜1000000		1
合計		23

つたり2 練習

★ できた問題には、「た」をかこう！★

でき ① でき ② でき ③

教科書 216〜217ページ　答え 37〜38ページ

1 100ページの「東京23区の人口」について答えましょう。

教科書 216ページ 3

① 度数分布表（表2）をもとにして、柱状グラフをかきましょう。

② せたがや区の人口が他の区の人口と大きくはなれているため、せたがや区をのぞいて平均値や中央値を考えることにしました。

☐ にあてはまる数やことばを書きましょう。

平均値は、(977−94)÷⁽ᵀ⁾☐ を計算して、千の位を四捨

五入すると、約⁽ⁱ⁾☐ 万人になります。

また、中央値は、⁽ᵂ⁾☐ 区の人口と⁽ᴱ⁾☐

区の人口の平均値になります。

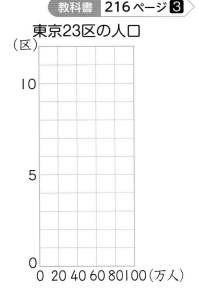

東京23区の人口
（区）

2 右の表は、50点満点のテストを受けた30人の得点を度数分布表にまとめたものです。平均値は23.5点でした。

教科書 216ページ 3

① 中央値はどの階級にふくまれていますか。

（　　　　　　　　　）

② ひろとさんの得点は平均値より低い21点でしたが、30人の中では得点の高い方から50％以内に入っています。そのように考えられるわけを、中央値ということばを使って書きましょう。

（　　　　　　　　　）

50点満点のテストの得点

階級（点）	人数（人）
0以上〜10未満	6
10　〜20	10
20　〜30	7
30　〜40	5
40　〜50	2
合計	30

3 ある店で、買う人が自由に個数を決められる売り方でなすを売っています。次の表は、25人の人が一度に買ったなすの個数を調べたものです。

教科書 217ページ

一度に買ったなすの個数 (個)

1	1	1	2	2	2	2	2	3	3	3	3	4
4	4	5	5	5	5	5	5	5	6	6	8	

今後、個数を決めて袋につめて売ることになりました。袋につめる個数を決めるには、上の表から求めることのできるどの代表値を参考にすればよいですか。また、それは何個ですか。

代表値（　　　　　　　　　） 個数（　　　　　　　　　）

 ヒント

1 ② 偶数個の中央値は、中央にある2つの値の平均値です。
3 代表値は、平均値、最頻値、中央値のどれかを選びます。

ぴったり③
確かめのテスト

⑭ データの活用

時間 30 分

／100

合格 80 点

教科書 212〜217 ページ　　答え 38 ページ

知識・技能　　　　　　　　　　　　　　　　　　　　　　／100点

① 「少子高齢化」といわれています。
　右の表は、ある都市の年齢別人口の割合をまとめたものです。ただし、2030年は推計です。
　各年の年齢別人口の割合を帯グラフで表しましょう。　　各8点(24点)

年齢別人口　　　　　　　　　　(%)

	14歳以下	15〜64歳	65歳以上
2005年	14	66	20
2015年	13	60	27
2030年	10	58	32

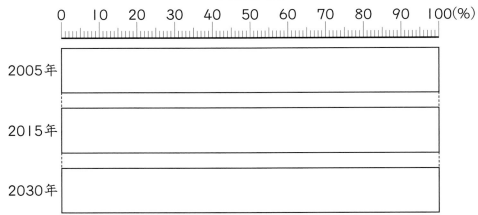

② 15年前と比べて、体力が落ちているといわれます。次の図は、今の6年1組19人と、15年前の6年1組20人の上体起こしの記録を、ドットプロットで表したものです。

今の6年1組の上体起こしの記録

15年前の6年1組の上体起こしの記録

　それぞれの最頻値、中央値、平均値を求めて、次の表を完成させましょう。　　各8点(40点)

	最頻値	中央値	平均値
今の6年1組	22回		
15年前の6年1組			

3 次の表は、ある年の都道府県別の人口を調べたものです。

全部できて各9点（36点）

都道府県別人口　　　　（万人）

東京	1404	京都	255	沖縄	147	富山	102
神奈川	923	宮城	228	滋賀	141	香川	93
大阪	878	新潟	215	山口	131	秋田	93
愛知	750	長野	202	奈良	131	和歌山	90
埼玉	738	岐阜	195	愛媛	131	山梨	80
千葉	627	群馬	191	長崎	128	佐賀	80
兵庫	540	栃木	191	青森	120	福井	75
北海道	514	岡山	186	岩手	118	徳島	70
福岡	512	福島	179	石川	112	高知	68
静岡	358	三重	174	大分	111	島根	66
茨城	284	熊本	172	宮崎	105	鳥取	54
広島	276	鹿児島	156	山形	104		

① 全国の人口の合計は、12495万人です。都道府県の人口の平均値は約何万人ですか。千の位の数を四捨五入して求めましょう。

(　　　　　　　　)

② 平均値より人口が多い都道府県の数を求めましょう。

(　　　　　　　　)

③ 中央値は、何県の何万人ですか。

(　　　　　県の　　　　　万人)

④ 次の図に、柱状グラフをかきましょう。

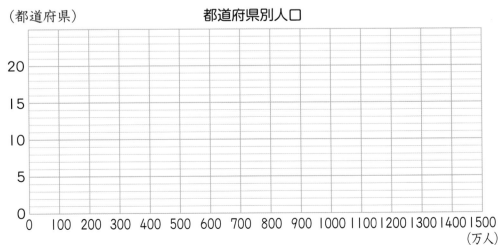

（都道府県）　　　　都道府県別人口

（万人）

3 がわからないときは、100ページの **1** にもどって確認してみよう。

まとめのテスト

15 算数のまとめ

数と計算、式①

1 次の□にあてはまる数を書きましょう。 各4点(20点)

① 3.05 を 10 倍した数は□、

100 倍した数は□です。

また、1000 倍した数は□です。

② 276 を $\frac{1}{10}$ にした数は□、

$\frac{1}{100}$ にした数は□です。

2 次の数は、[　]の中の数が何個集まった数ですか。 各4点(8点)

① 4700 [100]

（　　　　）

② 5.7 [0.01]

（　　　　）

3 次の□にあてはまる等号や不等号を書きましょう。 各6点(18点)

① $\frac{4}{7}$ □ $\frac{5}{6}$

② $\frac{5}{8}$ □ $\frac{7}{12}$

③ $\frac{3}{4}$ □ $\frac{21}{28}$

4 次の計算をしましょう。 各6点(42点)

① $5+3\times4-2$

② $5+3\times(4-2)$

③ $3.5+1.4$

④ 3.5×1.4

⑤ $73.6\div1.6$

⑥ $\frac{4}{5}+\frac{11}{20}$

⑦ $\frac{4}{5}\times\frac{11}{20}$

5 次の x にあてはまる数を求めましょう。 各6点(12点)

① $12+x=21$

（　　　　）

② $x\times9=63$

（　　　　）

15 算数のまとめ

数と計算、式②

時間 **20** 分

／100

合格 **80** 点

教科書 218～219ページ　　答え　39ページ

1 次の □ にあてはまる数を書きましょう。

各6点(12点)

① $\frac{7}{10}$ は $\frac{1}{10}$ の □ 個分。

② $\frac{7}{5}$ は □ の7個分。

2 次の分数で、仮分数は帯分数に、帯分数は仮分数になおしましょう。

各6点(12点)

① $\frac{9}{4}$

（　　　　　）

② $1\frac{5}{13}$

（　　　　　）

3 次の組の数の最小公倍数と最大公約数を求めましょう。

各7点(28点)

① (15、12)

最小公倍数（　　　　　）

最大公約数（　　　　　）

② (9、36)

最小公倍数（　　　　　）

最大公約数（　　　　　）

4 次の6つの数を小さい方から順にならべましょう。

(6点)

0.4　　$\frac{1}{2}$　　$\frac{3}{5}$　　0.52　　$\frac{9}{10}$　　$\frac{3}{4}$

（　　　　　　　　　　　　　　　）

5 次の計算をしましょう。

各6点(30点)

① $3.5 - 1.4$

② $3.5 \div 1.4$

③ 73.6×1.6

④ $\frac{11}{20} - \frac{2}{5}$

⑤ $\frac{4}{9} \div \frac{7}{15} \times 2.1$

6 右の台形の面積を x を使った式に表してから、x にあてはまる数を求めましょう。

式・答え 各6点(12点)

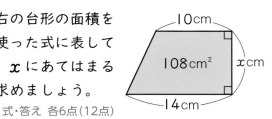

式

答え（　　　　　）

まとめのテスト

⑮ 算数のまとめ
図形①

学習日　　月　　日
時間 20分
／100
合格 80点

教科書 220〜222 ページ　答え 39 ページ

① 次の図形の面積を求めましょう。
式・答え 各6点(24点)

① 式
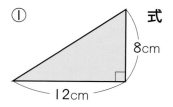
8cm
12cm

答え（　　　　　）

② 式
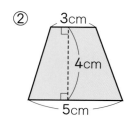
3cm
4cm
5cm

答え（　　　　　）

② 次の立体の体積を求めましょう。
式・答え 各7点(28点)

① 式
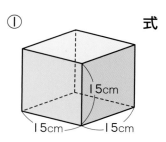
15cm
15cm　15cm

答え（　　　　　）

② 式
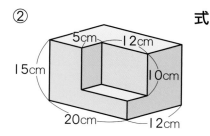
5cm　12cm
15cm
10cm
20cm　12cm

答え（　　　　　）

③ 角柱について、次の表のあいているところにあてはまる数を書きましょう。各4点(20点)

	三角柱	五角柱	八角柱
面の数	5	②	10
頂点の数	①	10	④
辺の数	9	③	⑤

④ 直径の長さが 18cm の円があります。
各6点(12点)

① この円の円周の長さを求めましょう。

（　　　　　）

② この円の面積を求めましょう。

（　　　　　）

⑤ 次の図形が、線対称な図形ならば、対称の軸をかき入れましょう。また、点対称な図形ならば、対称の中心に・をかき入れましょう。
各8点(16点)

① ひし形
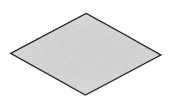

② 平行四辺形
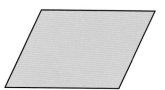

まとめのテスト

⑮ 算数のまとめ

図形②

教科書 220〜222 ページ　答え 40 ページ

1 次の四角形のうち、下の性質をもっているものをすべて選び、記号で答えましょう。
各6点(24点)

① 向かい合った辺の長さが等しい。
（　　　　）

② 向かい合った角の大きさが等しい。
（　　　　）

③ 対角線の長さが等しい。
（　　　　）

④ 対角線が垂直に交わっている。
（　　　　）

2 次の □ にあてはまる数を求めましょう。
各8点(24点)

① 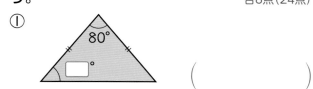（　　　　）

② 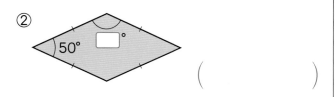（　　　　）

③ 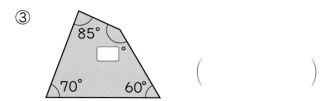（　　　　）

3 次の色のついた部分の面積を求めましょう。
式・答え 各8点(32点)

① 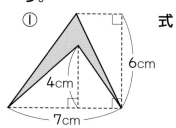　式

答え（　　　　）

② 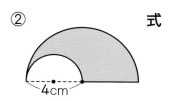　式

答え（　　　　）

4 次の図形をかきましょう。　各10点(20点)
① 点Oを中心にした2倍の拡大図。

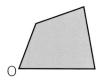

② 点Oを中心にした $\frac{1}{2}$ の縮図。

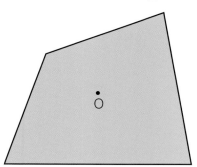

107

15 算数のまとめ

図形③

教科書 **220～222** ページ　答え **40** ページ

① 次のような直方体があります。各6点(36点)

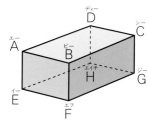

① 面ABFEに平行な面はどれですか。

（　　　　　　　　　　　　）

② 面ABFEに垂直な辺はどれですか。

（　　　　　　　　　　　　）

③ 辺ADに平行な辺はどれですか。

（　　　　　　　　　　　　）

④ 辺ADに垂直に交わる辺はどれですか。

（　　　　　　　　　　　　）

⑤ 辺ADに平行な面はどれですか。

（　　　　　　　　　　　　）

⑥ 辺ADに垂直な面はどれですか。

（　　　　　　　　　　　　）

② 縦80cm、横2mの長方形の花だんがあります。面積は何㎡ですか。また、それは何cm²ですか。　各6点(12点)

（　　　　　　）m²
（　　　　　　）cm²

③ 次の図形をかきましょう。　各10点(20点)

① 直線ABを対称の軸とする線対称な図形。

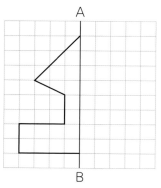

② 点Oを対称の中心とする点対称な図形。

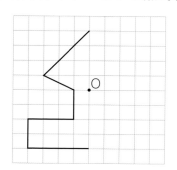

④ 次の立体の体積を求めましょう。

式・答え 各8点(32点)

① 式

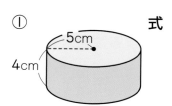

答え（　　　　　　　　）

② 式

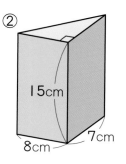

答え（　　　　　　　　）

15 算数のまとめ
図形④

学習日　　月　　日

時間 **20**分　　／100
合格 **80**点

教科書 220〜222 ページ　　答え 41 ページ

1 次の図形の面積を求めましょう。

式・答え 各6点(24点)

① 底辺 11 cm、高さ 6 cm の平行四辺形。

式

答え（　　　　　　）

② 対角線の長さが 9 cm、14 cm のひし形。

式

答え（　　　　　　）

2 次の問いに答えましょう。　　各8点(16点)

① 右の図の四角形 ABCD は正方形、三角形 ADE は正三角形です。⑦の角の大きさを求めましょう。

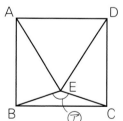

（　　　　　　）

② 正十角形の 1 つの角の大きさを求めましょう。

（　　　　　　）

3 円周の長さが 78.5 cm の円があります。この円の半径を求めましょう。　　(8点)

（　　　　　　）

4 次の立体の体積を求めましょう。

各10点(20点)

①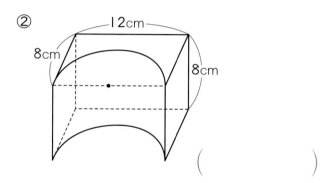

（　　　　　　）

②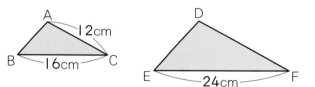

（　　　　　　）

5 次の三角形 DEF は三角形 ABC の拡大図です。　　各8点(32点)

① 角 B に対応するのは、どの角ですか。

（　　　　　　）

② 辺 BC と辺 EF の長さの比を簡単な比で表しましょう。

（　　　　　　）

③ 三角形 DEF は三角形 ABC の何倍の拡大図ですか。

（　　　　　　）

④ 辺 DF の長さは何 cm ですか。

（　　　　　　）

まとめのテスト

15 算数のまとめ
測定・変化と関係・データの活用①

学習日　月　日

時間 **20**分 ／100
合格 **80**点

📖教科書 223〜225ページ　➡️答え 41〜42ページ

1 次の◻️にあてはまる単位を書きましょう。 各7点(14点)

① ペットボトルに入る飲料水の体積は、約0.5◻️です。

② 卵10個分の重さは、約0.5◻️です。

2 東山町の人口は14000人で、面積は55 km²です。西川町の人口は18000人で、面積は70 km²です。どちらの町の人口密度が高いですか。 (10点)

（　　　　　　）

3 次の表は、あるCDショップにおいてあるCDを、音楽の種類別に調べたものです。それぞれの種類のCDの枚数の割合を円グラフに表しましょう。 (20点)

CDの種類

種類	CD（枚）
ポップス	7920
ロック	6480
クラシック	3360
ジャズ	3120
演歌	2400
その他	720

CDの種類

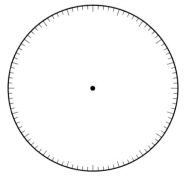

4 かつやさんは450円、妹は250円を出して、お母さんにプレゼントを買いました。 各10点(20点)

① かつやさんと妹の出したお金の比を簡単な比で表しましょう。

（　　　　　　）

② 2人は①の割合でお金を出して本を買います。妹が350円出すとすると、かつやさんはいくら出せばよいですか。

（　　　　　　）

5 1mの重さが6gの針金があります。 各12点(36点)

① この針金の長さ x mと重さ y gの関係を次の表にまとめましょう。

針金の長さと重さ

長さ x(m)	0	1	2	3	4	5	6
重さ y (g)	0						

② x と y の関係を式に表しましょう。

（　　　　　　）

③ x と y の関係をグラフに表しましょう。

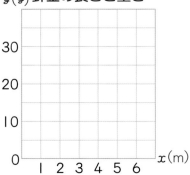

針金の長さと重さ

15 算数のまとめ
測定・変化と関係・データの活用②

1 次の問いに答えましょう。　　各7点(14点)

① 小麦粉を 1.8 kg 使いました。あと何 g 使うと 2 kg 使ったことになりますか。

(　　　　　　　　)

② 3L のジュースを 500 mL ずつボトルに分けます。何本のボトルができますか。

(　　　　　　　　)

2 次の問いに答えましょう。　　各7点(21点)

① 分速 750 m は、秒速何 m ですか。また、時速何 km ですか。

秒速 (　　　　　　　) m

時速 (　　　　　　　) km

② さやかさんは時速 4.5 km で進みます。1.8 km 進むのに、何分かかりますか。

(　　　　　　　　)

3 次のことがらは、どんなグラフで表すのがよいですか。　　各7点(21点)

① 日本の二酸化炭素の排出量の移り変わり。

(　　　　　　　　)

② 各国の二酸化炭素の排出量。

(　　　　　　　　)

③ 主な国の二酸化炭素の排出量の世界に対する割合。

(　　　　　　　　)

4 からの水そうに、いっぱいになるまで水を入れます。次の表は、1分間に入れる水の量を x L、かかる時間を y 分としたときの x と y の関係をまとめたものです。

各8点(16点)

1分間に入れる水の量とかかる時間

x (L)	1	2	3	4	5
y (分)	120	60	40	30	24

① x と y の関係を式に表しましょう。

(　　　　　　　　)

② 1分間に 15 L の水を入れると、かかる時間は何分ですか。

(　　　　　　　　)

5 次のことがらのうち、2つの量が比例するものには○、反比例するものには△を(　)に書きましょう。　　各7点(28点)

① 円の半径と円周の長さ。

(　　　　　　　　)

② 面積が 24 cm² の長方形の、縦と横の長さ。

(　　　　　　　　)

③ 10 km の道のりを進むときの、速さとかかった時間。

(　　　　　　　　)

④ 1m の重さが 85 g の針金の、長さと重さ。

(　　　　　　　　)

111

すじ道を立てて考えよう

プログラミングのプ

プログラミング

A、B、Cの3つのリングからなる「ハノイのとう」があります。次のルールにしたがって、3つのリングを移す方法を考えてみましょう。

A　　　B　　　C

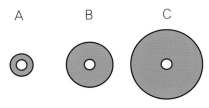

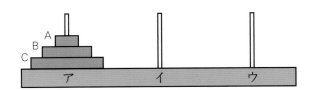

ルール

● アのとうにはまっているA、B、Cのリングをウのとうに移す。
● 一度に移せるリングは1つで、小さいリングの上に
大きいリングを乗せることはできない。

⭐1 〔スタート〕の状態から〔と中〕の状態までのリングの移し方について、次の◻にあてはまる文字を書きましょう。

〔スタート〕

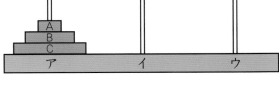

〔と中〕

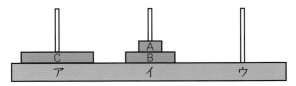

Aのリングをウのとうに移す。

Bのリングを①◻のとうに移す。

Aのリングを②◻のとうに移す。

⭐2 〔と中〕の状態から〔移したあと〕の状態までのリングの移し方について、次の◻にあてはまる文字を書きましょう。

〔と中〕

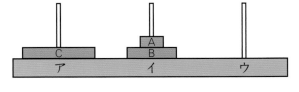

〔移したあと〕

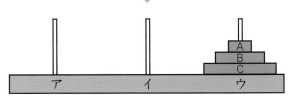

Cのリングを①◻のとうに移す。

Aのリングをアのとうに移す。

Bのリングを②◻のとうに移す。

Aのリングをウのとうに移す。

夏のチャレンジテスト

教科書 12〜103ページ

◎用意するもの…定規

合格80点

時間 40分

/100

名前 月 日

知識・技能 /74点

1 次の対称な図形をかきましょう。

各5点(10点)

① 直線ABを対称の軸とする線対称な図形。

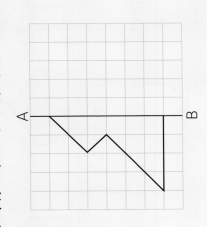

② 点Oを対称の中心とする点対称な図形。

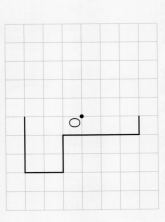

3 次の x にあてはまる数を求めましょう。

各2点(8点)

① $x + 12 = 31$

② $x - 4.8 = 1.7$

③ $x \times 25 = 75$

④ $x \div 8 = 7$

4 次の計算をしましょう。

各3点(18点)

$\frac{\ }{10}$　　$\frac{\ }{5} \times \frac{\ }{2}$

2 x（エックス）を使った式に表しましょう。　各3点(12点)

① 1枚（まい）50円のカードを x 枚買ったときの代金。

(　　　　　)

② x m のリボンを3等分したときの1つ分の長さ。

(　　　　　)

③ 12個入りのキャラメルが x 箱と、ばらのキャラメルが3個あるときの全部のキャラメルの個数。

(　　　　　)

④ 底辺の長さが x cm、高さが5cmの三角形の面積。

(　　　　　)

③ $1\frac{5}{6} \times \frac{5}{11}$

④ $\frac{8}{9} \div \frac{1}{3}$

⑤ $\frac{14}{25} \div \frac{4}{15}$

⑥ $\frac{5}{12} \div 1\frac{2}{3}$

うらにも問題があります。

☆彡 **冬のチャレンジテスト**

教科書 106〜209ページ

| 時間 | 40分 | 合格80点 | /100 |

月　日

名前

答え44〜45ページ

◎用意するもの…定規

/76点

知識・技能

1 次の問いに答えましょう。

各3点(9点)

① うめぼし、たらこ、しゃけの3つのおにぎりがあります。3つのおにぎりを食べる順番の決め方は何通りありますか。

（　　）

② ⓪、①、②、③、④のカードが1枚ずつあります。この5枚のカードから2枚を使って2けたの整数を作ります。整数のうち偶数は何通りありますか。

（　　）

③ あいさん、かなさん、さよさん、たえさん、なおさんの5人から代表を2人選びます。選び方は、全部で何通りありますか。

（　　）

3 円周の長さが31.4cmの円があります。この円の面積を求めましょう。

(4点)

（　　）

4 次の立体の体積を求めましょう。

各4点(8点)

①
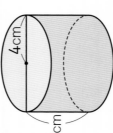

（　　）

②
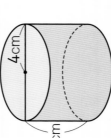

（　　）

5 次の比を簡単にしましょう。

各3点(6点)

① 1.5 : 2.5 （　　　）

② $\frac{2}{3} : \frac{1}{2}$ （　　　）

6 次の x にあてはまる数を求めましょう。

各2点(8点)

① 2 : 3 = x : 12 （　　　）

② 5 : 8 = 60 : x （　　　）

③ x : 42 = 7 : 3 （　　　）

④ 54 : x = 6 : 5 （　　　）

7 長さ140 cmのリボンを、姉と妹で、長さの比が4 : 3 になるように分けます。妹の分は何 cm ですか。

(3点)

（　　　）

↻ うらにも問題があります。

---

2 次の計算をしましょう。

各3点(18点)

① 0.2 + $\frac{1}{2}$ （　　　）

② 0.8 − $\frac{1}{3}$ （　　　）

③ $\frac{1}{3} \div \frac{2}{3} \times \frac{2}{5}$ （　　　）

④ $\frac{5}{12} \times \frac{1}{2} \div \frac{5}{8}$ （　　　）

⑤ $\frac{1}{3} \div 0.3 \times \frac{3}{5}$ （　　　）

⑥ 0.12 × 0.7 ÷ 0.42 （　　　）

春のチャレンジテスト

教科書 212～243ページ

◎用意するもの…定規

時間 40分

合格80点 ／100

答え 46～47ページ

名前

月　日

知識・技能

1 次の計算をしましょう。

各3点(30点) ／85点

① 8＋6×3

② 12×(5−2)＋4

③ 7.4＋2.8

④ 6.3−3.6

⑤ 12.6×4.5

⑥ 57.8÷1.7

3 次の点数は、17人の10点満点の算数のテストの点数を表したものです。

各3点(9点)

算数のテストの点数 (点)

7	5	4	6	8	5	5	3	5
6	9	9	2	10	5	7	9	4

① 平均値は何点ですか。四捨五入して $\frac{1}{10}$ の数第一位まで求めましょう。

（　　　　　　　）

② 最頻値は何点ですか。

（　　　　　　　）

③ 中央値は何点ですか。

（　　　　　　　）

4 次の表は、あるクラスの男子の体重を調べたものです。

全部できて 1問3点(6点)

男子の体重

39	33	37	28	34	34	37	34	48
39	35	44	34	39	38	29	49

① 次の度数分布表を完成させましょう。

男子の体重

体重(kg)	人数(人)
以上　　　未満 25 ～ 30	
30 ～ 35	
35 ～ 40	
40 ～ 45	
45 ～ 50	
合計	16

② 柱状グラフをかきましょう。

男子の体重

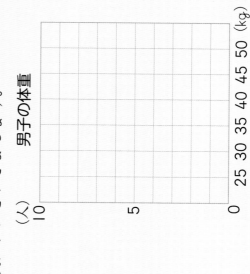

⑦ $\dfrac{2}{5} + \dfrac{3}{4}$

⑧ $\dfrac{7}{12} - \dfrac{3}{8}$

⑨ $\dfrac{5}{6} \times \dfrac{3}{7}$

⑩ $\dfrac{1}{4} \div \dfrac{5}{12}$

2 次の x にあてはまる数を求めましょう。 　　各3点(6点)

① $x + 18 = 43$

(　　　　)

② $12 \times x = 9$

(　　　　)

6年 算数のまとめ
学力診断テスト

名前

月　日

時間 **40分**

合格80点　／100

答え48ページ

---

1 次の計算をしましょう。　各3点(18点)

① $\dfrac{4}{5} \times \dfrac{7}{6}$

② $3 \times \dfrac{2}{9}$

③ $\dfrac{12}{5} \div \dfrac{4}{3}$

④ $0.3 \div \dfrac{3}{20}$

⑤ $\dfrac{6}{7} \times \dfrac{3}{4} \times \dfrac{8}{9}$

⑥ $\dfrac{3}{8} \div \dfrac{5}{6} \times \dfrac{4}{5}$

---

2 次の表は、ある棒の重さ y kg が長さ x m に比例するようすを表したものです。表のあいているところに、あてはまる数を書きましょう。　各3点(9点)

---

5 次のような立体の体積を求めましょう。　式・答え 各3点(12点)

①

　式

　答え

②

　式

　答え

---

6 次のあ～えの中で、線対称な形はどれですか。また、点対称な形はどれですか。すべて選んで、記号で答えましょう。　全部できて 各3点(6点)

　あ　　　い　　　う　　　え

⊗ × 卍 ～

線対称（　　）　点対称（　　）

7 下の⑰〜⑰の比の中で、2：3と等しい比をすべて選んで、記号で答えましょう。（全部できて3点）

| ⑰ 3：2 | ⑪ 12：18 | ⑦ 4：9 |
| ⑬ 14：21 | ⑯ 6：8 | ⑰ 15：10 |

8 面積が36cm²の長方形があります。　各3点（6点）

① 縦の長さを x cm、横の長さを y cm として、x と y の関係を、式に表しましょう。

② x と y は反比例しているといえますか。

↳うらにも問題があります。

---

	②	③
y（kg）	0.6	3

3 右のような形をした池があります。

この池のおよその面積を求めるために は池をおよそどんな形とみなせばよいですか。次の⑰〜⑬の中から1つ選んで、記号で答えましょう。（3点）

⑰ 三角形　　⑪ 正方形
⑬ ひし形　　⑱ 台形

4 色をつけた部分の面積を求めましょう。（3点）

8cm　8cm

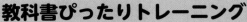

この「答えとてびき」はとりはずしてお使いください。

教科書ぴったりトレーニング
答えとてびき
学校図書版　算数6年

問題がとけたら…

①まずは答え合わせを
　しましょう。
②次にてびきを読んで
　かくにんしましょう。

おうちのかたへ では、次のようなものを示しています。

・学習のねらいやポイント
・他の学年や他の単元の学習内容とのつながり
・まちがいやすいことやつまずきやすいところ
お子様への説明や、学習内容の把握などにご活用ください。

しあげの5分レッスン では、
学習の最後に取り組む内容を示しています。
学習をふりかえることで学力の定着を図ります。

答え合わせの時間短縮に **丸つけラクラク解答** **デジタル**もご活用ください！

右の QR コードをスマートフォンなどで読み取ると、
赤字解答の入った本文紙面を見ながら簡単に答え合わせができます。

丸つけラクラク解答デジタルは以下の URL からも確認できます。
https://www.shinko-keirinwebshop.com/shinko/2024pt/rakurakudegi/MGT6da/index.html

※丸つけラクラク解答デジタルは無料でご利用いただけますが、通信料金はお客様のご負担となります。
※QR コードは株式会社デンソーウェーブの登録商標です。

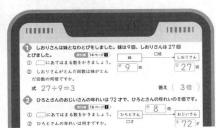

---

1 対称

ぴったり1　準備　2ページ

1 ①E　②FE　③ED　④E

2 垂直、等しく

ぴったり2　練習　3ページ　　　　　　**てびき**

1 ①　　　②

2 ①点G　②辺GF　③垂直　④等しく

1 折ったときに両側の形がぴったり重なるとき、その
折り目の直線が対称の軸になります。
対称の軸は縦の直線とは限りません。

2 ①②対称の軸で折ったときに、重なる点や辺が対応
する点や辺になります。
③④対応する点を結ぶ直線は、対称の軸と垂直に交
わり、対称の軸から対応する2つの点までの長さ
は等しくなります。

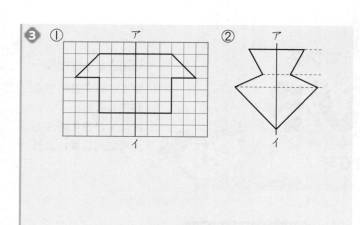

❸ 対応する点をとってから線をひきます。

①右の図のように、ます目の数をあわせて、対応する点をとります。

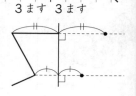

3ます 3ます

②右の図のように、対称の軸と垂直に交わる直線をひき、対称の軸からの長さが等しくなるように対応する点をとります。

長さは、定規で測るか、コンパスであわせます。

ぴったり1 準備 **4**ページ

1 ①E ②F ③EF ④FĀ(エー) ⑤E ⑥F

2 対称の中心Ō(オー)、等しく

ぴったり2 練習 **5**ページ ◀てびき▶

1 ①点Ĉ(シー)
　②右の図
　③対称の中心
　④辺BĈ(ビー)C
　⑤等しくなっている。

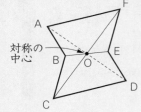

対称の中心

1 点対称な図形では、対応する点を結ぶ直線は、すべて対称の中心を通ります。
また、対称の中心から対応する2つの点までの長さは等しくなります。

2 ①

対称の中心

　②

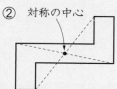

対称の中心

2 対応する2つの点を結ぶ直線を2本ひくと、2つの直線が交わった点が対称の中心になります。

3 ①

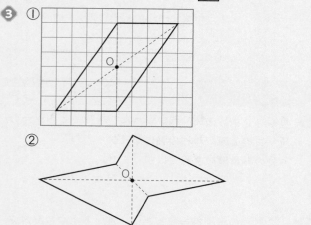

　②

3 対称の中心を通る直線をひき、対称の中心からの長さが等しくなるように、対応する点をとります。
対応する点をとるときは、下の図のようにあわせます。

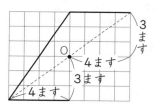

O
3ます
4ます
3ます
4ます

ぴったり1 準備 **6**ページ

1 ①線 ②l ③点 ④対角線 ⑤点 ⑥2

2

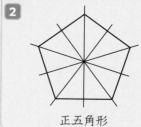

正五角形

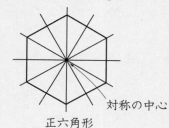

対称の中心

正六角形

てびき

❶ ①（⑦、3）、（⑦、1）、（⑪、4）、
　　（⑦、2）、（⑧、2）
　②⑪、⑦、⑨、⑧（対称の中心は図の・）

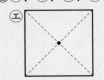 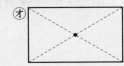

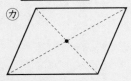 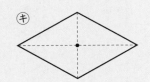

　③⑪、⑦、⑧
　④⑨

❷ ⑦6　⑦7　⑦8　⑪×　⑦○　⑨×　⑧○

❶ ①対称の軸は下の図のようになります。
　②点対称な図形では、対応する点を結ぶ対角線に注
　　目しましょう。

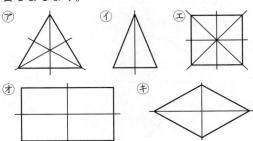

❷
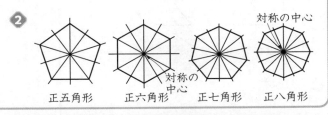

正五角形　　正六角形　　正七角形　　正八角形

てびき

❶ 線対称…⑦、⑦
　　点対称…⑦、⑪

❷ ①直線AC
　②90°
　③4 cm
　④右の図

❸ ①点D
　②右の図
　③右の図

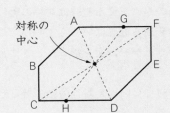

❶ ⑦　⑦
　⑦　⑪

❷ 直線ACが対称の軸で、点Bと点Dが対応します。
　③EBとEDの長さは等しく2cmになるから、
　　BDの長さは4cmになります。
　④線対称な図形では、対応する点を結ぶ直線は、対
　　称の軸と垂直になります。点Fを通り直線ACに
　　垂直な直線と辺CDが交わる点が点Gになります。

❸ ①点対称な図形では、対応する辺は平行になります。
　　辺AFと辺DCが平行であることから、点Aと点
　　D、点Cと点Fが対応する点になります。
　②直線AD、直線CF、直線BEのいずれか2本を
　　ひくと、それらが交わる点が対称の中心になりま
　　す。
　③点対称な図形では、対応する点を結ぶ直線は、
　　必ず対称の中心を通ります。
　　点Gと対称の中心を通る直線をひき、辺CDと交
　　わる点が点Hになります。

④ ①

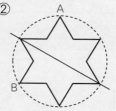

②

⑤ ①6本

②

⑥

⑦ ①⑦、⑦
②⑦
③⑦、⑦、⑦
④⑦、⑦、⑦

⑧ ⑦

🏠 **おうちのかたへ** 「線対称」「点対称」という平面図形の分類の仕方のひとつを学びます。「左右対称」は形の美しさを表現することばとして使われています。一緒に身の回りにある対称の形をさがしてみましょう。

😊 **しあげの5分レッスン** 線対称な図形の半分、点対称な図形の半分から、残り半分をかいて完成する練習をくり返しておきましょう。それぞれの意味、性質のすべてを身につけることができます。

④ ①対称の軸からの長さが等しくなるように対応する点をとります。
②対称の中心からの長さが等しくなるように対応する点をとります。また、対応する辺どうしは平行になることにも注意します。

⑤ ①右の図のように6本あります。
②直線ABと垂直に交わる対称の軸を考えます。

⑥ 対角線を2本ひき、それらが交わる点（対称の中心）と点Aを通る直線が求める直線になります。
点対称な図形は、対称の中心を通る直線で2つの図形に分けると、合同な図形になります。
合同な図形は、面積も等しくなります。平行四辺形は点対称な図形です。

⑦ 円は線対称でもあり、点対称でもあります。
正多角形はすべて線対称であり、対称の軸の数は辺の数と等しくなります。
辺の数が偶数である正多角形は、点対称にもなります。
円の中心を通る直線は対称の軸になります。円の中心を通る直線はいくらでもひくことができます。

⑧ でき上がった図を折ったときにどうなるかを考えましょう。
線対称な図形を対称の軸で折ると、ぴったり重なります。

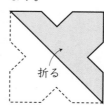 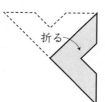 

上の図のようになり、答えは⑦になります。

② 文字と式

ぴったり1 準備 **10** ページ

1 (1)①60 ②x（エックス）
　(2)①a（エー） ②5 ③a ④5

2 ①3 ②12 ③4 ④16 ⑤x ⑥4 ⑦y（ワイ）

ぴったり2 練習 **11** ページ　　　　　　　　　　　**てびき**

1 ①120×x ②a×8

2 ①27枚（まい）
　②x×2+3

3 ①⑦150 ④360 ⑦525 ⑦1200
　②30×x=y

1 数を文字におきかえても、式そのものの形は変わりません。
　②平行四辺形の面積＝底辺×高さ

2 ①12×2+3=27(枚)
　②1束の枚数がx枚だから、2束では、
　　(x×2)枚になります。あと3枚あります。

3 ①⑦30×5=150
　　④30×12=360
　　⑦30×17.5=525
　　⑦30×40=1200
　②縦（たて）30cm、横xcmの長方形になり、面積は、
　　(30×x)cm² となります。

ぴったり1 準備 **12** ページ

1 (1)①x ②6　(2)①32 ②6 ③26 ④26

2 ①x ②7 ③42 ④7 ⑤6 ⑥6

ぴったり2 練習 **13** ページ　　　　　　　　　　　**てびき**

1 ①17 ②18 ③4.3 ④12 ⑤5 ⑥35

1 ①②たし算の式のxは、ひき算で求めることができます。
　①x+9=26　　x=26-9=17
　②17+x=35　　x=35-17=18
　③xから2.8をひくと1.5になる。
　　→xは1.5より2.8大きい。たし算で求めます。
　　x-2.8=1.5　　x=1.5+2.8=4.3
　④⑤かけ算の式のxは、わり算で求めることができます。
　④x×8=96　　x=96÷8=12
　⑤12×x=60　　x=60÷12=5
　⑥わり算の式のxは、かけ算で求めることができます。x÷7=5　　x=5×7=35

2 ①式 x-5=12　　x=17
　②式 x×7=28　　x=4
　③式 x÷8=0.3　　x=2.4

2 ①5個食べると、(x-5)個残ります。
　　x-5=12　　x=12+5=17
　②1週間は7日です。1日にxページしたとすると、
　　(x×7)ページしたことになります。
　　x×7=28　　x=28÷7=4
　③1人分は(x÷8)Lです。
　　x÷8=0.3　　x=0.3×8=2.4

❸ ①⑦60　⑦72　⑦84　⑦68　⑦80　⑦92
　②7

❸ ①⑦、⑦、⑦は、$12 \times x$ の x に、5、6、7 をそ
　れぞれあてはめて計算します。
　　⑦、⑦、⑦は、⑦、⑦、⑦のそれぞれに 8 をたし
　て求めます。
　　⑦$12 \times 5 = 60$　　⑦$12 \times 6 = 72$
　　⑦$12 \times 7 = 84$　　⑦$60 + 8 = 68$
　　⑦$72 + 8 = 80$　　⑦$84 + 8 = 92$
　②①の結果から、x が7のとき、$12 \times x + 8 = 92$
　になることがわかります。

ぴったり1　準備　14ページ

❶ (1)①10　②$6 \times x$　③⑦
　(2)①⑦　②縦　③⑦　④横　⑤⑦

ぴったり2　練習　15ページ

てびき

❶ ①⑦AD　⑦BC　⑦CD　⑦ABC
　②⑦

❶ ①2つの三角形ADCとABCに分けて考えていま
　す。
　②⑦は、2つの三角形に分けているので、①のふみ
　おさんの考えと同じく、「$x \times 4 \div 2 + 5 \times 4 \div 2$」
　と表されます。
　　⑦は、三角形と長方形に分けています。三角形の
　底辺の長さは $(5-x)$ cm なので、面積の和は、
　「$(5-x) \times 4 \div 2 + 4 \times x$」と表されます。
　　⑦は、合同な台形をくっつけて長方形を作り、そ
　の面積の半分として考えています。長方形の縦は
　4 cm、横は $(x+5)$ cm なので、求める面積は、
　「$4 \times (x+5) \div 2$」と表されます。

❷ ①⑦　②⑦　③⑦

❷ ①縦が $(8-5)$ m、横が x m の長方形の面積と、
　縦が 8 m、横が $(9-x)$ m の長方形の面積の和の
　式になっています。
　②縦が 8 m、横が 9 m の長方形の面積と、
　縦が 5 m、横が x m の長方形の面積の差の式に
　なっています。
　③縦が 5 m、横が $(9-x)$ m の長方形の面積と、
　縦が $(8-5)$ m、横が 9 m の長方形の面積の和の
　式になっています。

ぴったり3　確かめのテスト　16〜17ページ

てびき

❶ ①$1000 - x = 320$
　②$x \times 5 = 57.5$
　③$x \times 8 + 20 = 140$
　　または、$20 + x \times 8 = 140$
❷ ①48　②63　③6　④91　⑤5.2　⑥1.9

❶ ②平行四辺形の面積＝底辺×高さ
　③あめ8個で $(x \times 8)$ g、箱の重さを加えると、
　　$(x \times 8 + 20)$ g になります。

❷ ①$x + 15 = 63$　　　$x = 63 - 15 = 48$
　②$x - 23 = 40$　　　$x = 40 + 23 = 63$
　③$x \times 16 = 96$　　$x = 96 \div 16 = 6$
　④$x \div 7 = 13$　　　$x = 13 \times 7 = 91$
　⑤$x + 2.8 = 8$　　　$x = 8 - 2.8 = 5.2$
　⑥$x \times 4 = 7.6$　　$x = 7.6 \div 4 = 1.9$

③ ①式　$x+7=46$　　　$x=39$
②式　$x-12=24$　　$x=36$
③式　$x×4=1400$　　$x=350$

④ ①$x×6+5$
②$x×6+5=77$
③12

⑤ ①① ②エ ③⑦ ④⑦

はってん
1 ①⑦7 ①78 ⑦78 ⑤6 ⑦13
②$x=16$
③$x=14$

⌂ **おうちのかたへ** 数量を x や y、a などの文字で
表して式を作ることを学習します。算数から中学の数学
への橋渡しの役目を果たす極めて重要な単元です。

⏱ **しあげの5分レッスン** 文字を数字と考えて、今ま
で通りに式をつくりましょう。たし算とひき算、かけ算
とわり算、それぞれ逆の計算がポイントです。

③ ①7年後は、$(x+7)$ さいになります。
　$x+7=46$　　$x=46-7=39$
②12個食べると、$(x-12)$ 個残ります。
　$x-12=24$　　$x=24+12=36$
③x mL が4本で、$(x×4)$ mL になります。
　$x×4=1400$　　$x=1400÷4=350$

④ ①1箱の個数×箱の数＋5
③①で作った式 $x×6+5$ の x に9、10、11、…
　をあてはめて計算し、77になるときの x が答え
　になります。
　x が　9 → 　$9×6+5=59$
　x が 10 → $10×6+5=65$
　x が 11 → $11×6+5=71$
　x が 12 → $12×6+5=77$

⑤ ⑦x m の3本分の長さは、$(x×3)$ m
①x m と3mの和になるので、$(x+3)$ m
⑦x m を3人で分けたときの1人分の長さは、
　$(x÷3)$ m
⑤x m から3m切り取ると、残りは $(x-3)$ m

1 ②$x×9+6=150$
　　　$x×9=150-6$
　　　$x×9=144$
　　　　$x=144÷9$
　　　　$x=16$
③$7×x-8=90$
　　$7×x=90+8$
　　$7×x=98$
　　　$x=98÷7$
　　　$x=14$

③ 分数と整数のかけ算とわり算

ぴったり1 準備 　18ページ

1 (1)①2 ②3 ③2 ④3 ⑤2 ⑥3 ⑦6
　　(2)①2 ②3 ③4 ④3 ⑤1 ⑥1 ⑦3
2 ①11 ②11 ③1 ④2 ⑤11 ⑥2 ⑦5 ⑧1 ⑨2

ぴったり2 練習 　19ページ　　　　　　　　　　**てびき**

1 $\dfrac{3}{5}$ m²

1 $\dfrac{1}{5}×3=\dfrac{1×3}{5}=\dfrac{3}{5}$

❷ ① $\frac{4}{9}$　② $\frac{8}{11}$　③ $11\frac{1}{5}\left(\frac{56}{5}\right)$　④ $\frac{3}{4}$

　⑤ $3\frac{1}{2}\left(\frac{7}{2}\right)$　⑥ 6

❸ ① $9\frac{4}{5}\left(\frac{49}{5}\right)$　② $5\frac{1}{2}\left(\frac{11}{2}\right)$　③ 21

　④ $15\frac{1}{3}\left(\frac{46}{3}\right)$

❹ $1\frac{3}{4}\times6=10\frac{1}{2}$　　　答え　$10\frac{1}{2}$ m$\left(\frac{21}{2}\text{ m}\right)$

---

❷ ① $\dfrac{2}{9}\times2=\dfrac{2\times2}{9}=\dfrac{4}{9}$

② $\dfrac{2}{11}\times4=\dfrac{2\times4}{11}=\dfrac{8}{11}$

③ $\dfrac{7}{5}\times8=\dfrac{7\times8}{5}=\dfrac{56}{5}=11\dfrac{1}{5}$

④ $\dfrac{1}{8}\times6=\dfrac{1\times\overset{3}{6}}{\underset{4}{8}}=\dfrac{3}{4}$

⑤ $\dfrac{7}{6}\times3=\dfrac{7\times\overset{1}{3}}{\underset{2}{6}}=\dfrac{7}{2}=3\dfrac{1}{2}$

⑥ $\dfrac{2}{3}\times9=\dfrac{2\times\overset{3}{9}}{\underset{1}{3}}=6$

❸ ① $1\dfrac{2}{5}\times7=\dfrac{7}{5}\times7=\dfrac{7\times7}{5}=\dfrac{49}{5}=9\dfrac{4}{5}$

② $1\dfrac{5}{6}\times3=\dfrac{11}{6}\times3=\dfrac{11\times\overset{1}{3}}{\underset{2}{6}}=\dfrac{11}{2}=5\dfrac{1}{2}$

③ $2\dfrac{1}{3}\times9=\dfrac{7}{3}\times9=\dfrac{7\times\overset{3}{9}}{\underset{1}{3}}=21$

④ $2\dfrac{5}{9}\times6=\dfrac{23}{9}\times6=\dfrac{23\times\overset{2}{6}}{\underset{3}{9}}=\dfrac{46}{3}=15\dfrac{1}{3}$

❹ $1\dfrac{3}{4}\times6=\dfrac{7}{4}\times6=\dfrac{7\times\overset{3}{6}}{\underset{2}{4}}=\dfrac{21}{2}=10\dfrac{1}{2}$

ぴったり❶ 準備　**20**ページ

❶ (1)① 5　② 5　③ 20
　(2)① 1　② 3　③ 1　④ 27
❷ ① 11　② 11　③ 11　④ 1　⑤ 1

ぴったり❷ 練習　**21**ページ　　　てびき

❶ ① $\dfrac{5}{8}\div3$

②
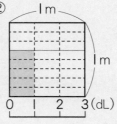

　　　　答え　$\dfrac{5}{24}$ m²

❷ ① $\dfrac{7}{32}$　② $\dfrac{5}{12}$　③ $\dfrac{8}{15}$　④ $\dfrac{1}{21}$　⑤ $\dfrac{2}{15}$

　⑥ $\dfrac{5}{26}$

---

❶ ② $\dfrac{5}{8}\div3=\dfrac{5}{8\times3}=\dfrac{5}{24}$

❷ ① $\dfrac{7}{8}\div4=\dfrac{7}{8\times4}=\dfrac{7}{32}$

② $\dfrac{5}{6}\div2=\dfrac{5}{6\times2}=\dfrac{5}{12}$

③ $\dfrac{8}{5}\div3=\dfrac{8}{5\times3}=\dfrac{8}{15}$

④ $\dfrac{6}{7}\div18=\dfrac{\overset{1}{6}}{7\times\underset{3}{18}}=\dfrac{1}{21}$

⑤ $\dfrac{14}{15}\div7=\dfrac{\overset{2}{14}}{15\times\underset{1}{7}}=\dfrac{2}{15}$

⑥ $\dfrac{20}{13}\div8=\dfrac{\overset{5}{20}}{13\times\underset{2}{8}}=\dfrac{5}{26}$

3 ① $\dfrac{17}{50}$ ② $\dfrac{4}{11}$ ③ $\dfrac{2}{9}$ ④ $1\dfrac{1}{3}\left(\dfrac{4}{3}\right)$

3 ① $1\dfrac{7}{10}\div 5=\dfrac{17}{10}\div 5=\dfrac{17}{10\times 5}=\dfrac{17}{50}$

② $2\dfrac{6}{11}\div 7=\dfrac{28}{11}\div 7=\dfrac{\overset{4}{28}}{11\times \underset{1}{7}}=\dfrac{4}{11}$

③ $2\dfrac{2}{3}\div 12=\dfrac{8}{3}\div 12=\dfrac{\overset{2}{8}}{3\times \underset{3}{12}}=\dfrac{2}{9}$

④ $6\dfrac{2}{3}\div 5=\dfrac{20}{3}\div 5=\dfrac{\overset{4}{20}}{3\times \underset{1}{5}}=\dfrac{4}{3}=1\dfrac{1}{3}$

4 $4\dfrac{2}{3}\div 6=\dfrac{7}{9}$　　　　　答え　$\dfrac{7}{9}$ kg

4 1mあたりの重さ＝全体の重さ÷長さ
で求めます。

$4\dfrac{2}{3}\div 6=\dfrac{14}{3}\div 6=\dfrac{\overset{7}{14}}{3\times \underset{3}{6}}=\dfrac{7}{9}$

ぴったり3　確かめのテスト　22〜23ページ　　　**てびき**

1 ①⑦4　①8　②⑦3　①15

2 ① $\dfrac{6}{7}$　② $1\dfrac{7}{8}\left(\dfrac{15}{8}\right)$　③ $3\dfrac{1}{3}\left(\dfrac{10}{3}\right)$

④ $13\dfrac{1}{3}\left(\dfrac{40}{3}\right)$　⑤21　⑥36

2 ③ $\dfrac{5}{6}\times 4=\dfrac{5\times\overset{2}{4}}{\underset{3}{6}}=\dfrac{10}{3}=3\dfrac{1}{3}$

④ $\dfrac{10}{9}\times 12=\dfrac{10\times\overset{4}{12}}{\underset{3}{9}}=\dfrac{40}{3}=13\dfrac{1}{3}$

⑤ $1\dfrac{2}{5}\times 15=\dfrac{7}{5}\times 15=\dfrac{7\times\overset{3}{15}}{\underset{1}{5}}=21$

⑥ $2\dfrac{4}{7}\times 14=\dfrac{18}{7}\times 14=\dfrac{18\times\overset{2}{14}}{\underset{1}{7}}=36$

3 ① $\dfrac{5}{48}$　② $\dfrac{2}{9}$　③ $\dfrac{2}{5}$　④ $\dfrac{3}{14}$

⑤ $1\dfrac{4}{7}\left(\dfrac{11}{7}\right)$　⑥ $\dfrac{17}{25}$

3 ③ $\dfrac{4}{5}\div 2=\dfrac{\overset{2}{4}}{5\times \underset{1}{2}}=\dfrac{2}{5}$

④ $\dfrac{9}{7}\div 6=\dfrac{\overset{3}{9}}{7\times \underset{2}{6}}=\dfrac{3}{14}$

⑤ $7\dfrac{6}{7}\div 5=\dfrac{55}{7}\div 5=\dfrac{\overset{11}{55}}{7\times \underset{1}{5}}=\dfrac{11}{7}=1\dfrac{4}{7}$

⑥ $6\dfrac{4}{5}\div 10=\dfrac{34}{5}\div 10=\dfrac{\overset{17}{34}}{5\times \underset{5}{10}}=\dfrac{17}{25}$

4 式　$\dfrac{3}{5}\times 10=6$　　　　答え　6分

4 10日間なので、1日分の10倍です。

$\dfrac{3}{5}\times 10=\dfrac{3\times\overset{2}{10}}{\underset{1}{5}}=6$

5 式　$1\dfrac{1}{6}\times 8=9\dfrac{1}{3}$　　答え　$9\dfrac{1}{3}$ kg $\left(\dfrac{28}{3}\text{kg}\right)$

5 8mは1mの8倍です。
重さも8倍になります。

$1\dfrac{1}{6}\times 8=\dfrac{7}{6}\times 8=\dfrac{7\times\overset{4}{8}}{\underset{3}{6}}=\dfrac{28}{3}=9\dfrac{1}{3}$

9

⑥ 式 $\dfrac{14}{9} \div 7 = \dfrac{2}{9}$ 　　　　答え $\dfrac{2}{9}$ L

⑦ 式 $7\dfrac{4}{5} \div 3 = 2\dfrac{3}{5}$ 　　答え $2\dfrac{3}{5}$ m² $\left(\dfrac{13}{5}\text{m}^2\right)$

⑥ 1週間は7日なので、7でわります。

$$\dfrac{14}{9} \div 7 = \dfrac{\overset{2}{\cancel{14}}}{9 \times \cancel{7}_{1}} = \dfrac{2}{9}$$

⑦ $7\dfrac{4}{5} \div 3 = \dfrac{39}{5} \div 3 = \dfrac{\overset{13}{\cancel{39}}}{5 \times \cancel{3}_{1}} = \dfrac{13}{5} = 2\dfrac{3}{5}$

> 🏠 **おうちのかたへ** 分数どうしの乗除を扱う単元④、⑤へつながる学習です。特に、分数÷整数が分母にその数をかけることと同じであることを理解することが重要です。

> ⏱ **しあげの5分レッスン** 計算のと中で約分ができるかどうかに注意しましょう。文章題では、分数が出てきても、整数や小数のときと同じように考えて、式を書けばよいです。

④ 分数×分数

ぴったり1 準備 　24ページ

1 ①$\dfrac{1}{5}$ ②2 ③$\dfrac{1}{5}$ ④2 ⑤$\dfrac{2}{15}$

2 (1)①3 ②5 ③$\dfrac{6}{35}$ (2)①5 ②4 ③$\dfrac{15}{32}$

3 (1)①22 ②2 ③22 ④1 ⑤44 ⑥5 ⑦$8\dfrac{4}{5}$ (2)①1 ②1 ③12 ④5 ⑤$2\dfrac{2}{5}$

ぴったり2 練習 　25ページ　　　　　　　　　　　　　　　　　てびき

1 ①$\dfrac{4}{5}$

②⑦4 ①$\dfrac{4}{5}$ ⑦4 ⊕5 ⊘$\dfrac{8}{15}$

2 ①$\dfrac{3}{8}$ ②$\dfrac{16}{45}$ ③$\dfrac{35}{48}$ ④$1\dfrac{19}{21}\left(\dfrac{40}{21}\right)$

3 ①$\dfrac{1}{3}$ ②$\dfrac{8}{35}$ ③$1\dfrac{1}{2}\left(\dfrac{3}{2}\right)$ ④$5\dfrac{5}{6}\left(\dfrac{35}{6}\right)$
⑤$\dfrac{8}{9}$ ⑥$6\dfrac{2}{3}\left(\dfrac{20}{3}\right)$

2 ①$\dfrac{1}{2} \times \dfrac{3}{4} = \dfrac{1 \times 3}{2 \times 4} = \dfrac{3}{8}$

②$\dfrac{2}{5} \times \dfrac{8}{9} = \dfrac{2 \times 8}{5 \times 9} = \dfrac{16}{45}$

③$\dfrac{7}{6} \times \dfrac{5}{8} = \dfrac{7 \times 5}{6 \times 8} = \dfrac{35}{48}$

④$\dfrac{4}{3} \times \dfrac{10}{7} = \dfrac{4 \times 10}{3 \times 7} = \dfrac{40}{21} = 1\dfrac{19}{21}$

3 ①$\dfrac{2}{5} \times \dfrac{5}{6} = \dfrac{\cancel{2} \times \cancel{5}}{\cancel{5} \times \cancel{6}} = \dfrac{1}{3}$

②$\dfrac{10}{21} \times \dfrac{12}{25} = \dfrac{\overset{2}{\cancel{10}} \times \overset{4}{\cancel{12}}}{\underset{7}{\cancel{21}} \times \underset{5}{\cancel{25}}} = \dfrac{8}{35}$

③$3\dfrac{3}{8} \times \dfrac{4}{9} = \dfrac{27}{8} \times \dfrac{4}{9} = \dfrac{\overset{3}{\cancel{27}} \times \overset{1}{\cancel{4}}}{\underset{2}{\cancel{8}} \times \underset{1}{\cancel{9}}} = \dfrac{3}{2} = 1\dfrac{1}{2}$

④$2\dfrac{2}{9} \times 2\dfrac{5}{8} = \dfrac{20}{9} \times \dfrac{21}{8} = \dfrac{\overset{5}{\cancel{20}} \times \overset{7}{\cancel{21}}}{\underset{3}{\cancel{9}} \times \underset{2}{\cancel{8}}} = \dfrac{35}{6} = 5\dfrac{5}{6}$

⑤$4 \times \dfrac{2}{9} = \dfrac{4}{1} \times \dfrac{2}{9} = \dfrac{4 \times 2}{1 \times 9} = \dfrac{8}{9}$

⑥$\dfrac{5}{6} \times 8 = \dfrac{5}{6} \times \dfrac{8}{1} = \dfrac{5 \times \overset{4}{\cancel{8}}}{\underset{3}{\cancel{6}} \times 1} = \dfrac{20}{3} = 6\dfrac{2}{3}$

1 ①| ②10 ③3 ④$\frac{1}{3}$ ⑤小さい

2 ①| ②| ③| ④2 ⑤| ⑥10

3 (1)①$\frac{2}{5}$ ②$\frac{4}{7}$ ③$\frac{8}{35}$ (2)①$\frac{2}{3}$ ②$\frac{2}{3}$ ③$\frac{2}{3}$ ④$\frac{8}{27}$

1 ①⑦9 ⑦4
　②$\frac{2}{3}$

2 ⑦、⑦

3 ①$\frac{3}{14}$ ②$1\frac{1}{6}\left(\frac{7}{6}\right)$

4 ①$\frac{6}{7}$ m² ②$\frac{3}{8}$ m³

1 ①⑦$6\times1\frac{1}{2}=\frac{6}{1}\times\frac{3}{2}=\frac{6\times\overset{3}{3}}{1\times\underset{1}{2}}=9$

　　⑦$6\times\frac{2}{3}=\frac{6}{1}\times\frac{2}{3}=\frac{\overset{2}{6}\times2}{1\times\underset{1}{3}}=4$

　②4＜6だから、$6\times\frac{2}{3}<6$

2 かける数が|より小さいものを選びます。

3 ①$\frac{3}{5}\times\frac{4}{7}\times\frac{5}{8}=\frac{3\times\overset{1}{4}\times\overset{1}{5}}{\underset{1}{5}\times7\times\underset{2}{8}}=\frac{3}{14}$

　②$3\times\frac{7}{10}\times\frac{5}{9}=\frac{3\times7\times5}{1\times\underset{2}{10}\times\underset{3}{9}}=\frac{7}{6}=1\frac{1}{6}$

4 ①平行四辺形の面積＝底辺×高さ

　　$\frac{8}{7}\times\frac{3}{4}=\frac{\overset{2}{8}\times3}{7\times\underset{1}{4}}=\frac{6}{7}$

　②直方体の体積＝縦×横×高さ

　　$\frac{5}{7}\times\frac{9}{10}\times\frac{7}{12}=\frac{5\times\overset{3}{9}\times\overset{1}{7}}{\underset{1}{7}\times\underset{2}{10}\times\underset{4}{12}}=\frac{3}{8}$

1 ①| ②3 ③$\frac{1}{10}$ ④3 ⑤| ⑥$\frac{1}{10}$

2 (1)①3 ②$\frac{2}{3}$ (2)①3 ②$\frac{10}{3}\left(3\frac{1}{3}\right)$ (3)①2 ②$\frac{1}{2}$

1 ①$\frac{4}{9}$ ②$\frac{9}{10}$ ③$\frac{3}{8}$ ④20

2 ①$\frac{2}{7}\times\frac{4}{5}+\frac{3}{7}\times\frac{4}{5}=\left(\frac{2}{7}+\frac{3}{7}\right)\times\frac{4}{5}$

　　　$=\frac{5}{7}\times\frac{4}{5}=\frac{\overset{1}{5}\times4}{7\times\underset{1}{5}}=\frac{4}{7}$

　②$\left(\frac{5}{6}+\frac{3}{8}\right)\times3\frac{3}{7}=\left(\frac{5}{6}+\frac{3}{8}\right)\times\frac{24}{7}$

　　$=\frac{5}{6}\times\frac{24}{7}+\frac{3}{8}\times\frac{24}{7}=\frac{5\times\overset{4}{24}}{\underset{1}{6}\times7}+\frac{3\times\overset{3}{24}}{\underset{1}{8}\times7}$

　　$=\frac{20}{7}+\frac{9}{7}=\frac{29}{7}=4\frac{1}{7}$

1 ①$a\times b=b\times a$（交かんのきまり）
　②$(a\times b)\times c=a\times(b\times c)$（結合のきまり）
　③$(a+b)\times c=a\times c+b\times c$
　④$(a-b)\times c=a\times c-b\times c$ ｝（分配のきまり）

2 ①$(a+b)\times c=a\times c+b\times c$
　のきまりを、右側から左側へと使います。
　②と中で約分ができそうなので、かっこの中の計算
　を先にしないで、計算のきまりを使ってかっこを
　はずしてから計算します。

③ ①⑦5 ⑦4
  ②⑦3 ⑦7

④ ① $\frac{7}{5}\left(1\frac{2}{5}\right)$ ② $\frac{4}{11}$ ③3 ④ $\frac{5}{7}$
  ⑤ $\frac{10}{7}\left(1\frac{3}{7}\right)$ ⑥ $\frac{1}{7}$

③ 逆数を考えます。

① $\frac{4}{5}\times\frac{5}{4}=1$ ② $\frac{3}{7}\times\frac{7}{3}=1$

④ ④$1\frac{2}{5}=\frac{7}{5}\rightarrow\frac{5}{7}$

  ⑤$0.7=\frac{7}{10}\rightarrow\frac{10}{7}$

ぴったり3 確かめのテスト 30〜31 ページ てびき

❶ ① $\frac{5}{42}$ ② $\frac{16}{45}$ ③ $\frac{15}{16}$ ④ $1\frac{13}{15}\left(\frac{28}{15}\right)$
  ⑤ $\frac{6}{11}$ ⑥ $\frac{1}{10}$ ⑦ $1\frac{3}{4}\left(\frac{7}{4}\right)$ ⑧ $7\frac{1}{2}\left(\frac{15}{2}\right)$

❶ ⑤ $\frac{2}{3}\times\frac{9}{11}=\frac{2\times\overset{3}{\cancel{9}}}{\cancel{3}\times11}=\frac{6}{11}$

  ⑥ $\frac{3}{4}\times\frac{2}{15}=\frac{\overset{1}{\cancel{3}}\times\overset{1}{\cancel{2}}}{\underset{2}{\cancel{4}}\times\underset{5}{\cancel{15}}}=\frac{1}{10}$

  ⑦ $3\times\frac{7}{12}=\frac{\overset{1}{\cancel{3}}\times7}{1\times\underset{4}{\cancel{12}}}=\frac{7}{4}=1\frac{3}{4}$

  ⑧ $6\times\frac{5}{4}=\frac{\overset{3}{\cancel{6}}\times5}{1\times\underset{2}{\cancel{4}}}=\frac{15}{2}=7\frac{1}{2}$

❷ ① $\frac{3}{5}$ ② $\frac{6}{7}$ ③ $3\frac{1}{3}\left(\frac{10}{3}\right)$ ④ $2\frac{11}{12}\left(\frac{35}{12}\right)$

❷ ① $1\frac{4}{5}\times\frac{1}{3}=\frac{\overset{3}{\cancel{9}}\times1}{5\times\cancel{3}}=\frac{3}{5}$

  ② $\frac{3}{8}\times2\frac{2}{7}=\frac{3\times\overset{2}{\cancel{16}}}{\cancel{8}\times7}=\frac{6}{7}$

  ③ $2\frac{1}{7}\times1\frac{5}{9}=\frac{\overset{5}{\cancel{15}}\times\overset{2}{\cancel{14}}}{\underset{1}{\cancel{7}}\times\underset{3}{\cancel{9}}}=\frac{10}{3}=3\frac{1}{3}$

  ④ $1\frac{9}{16}\times1\frac{13}{15}=\frac{\overset{5}{\cancel{25}}\times\overset{7}{\cancel{28}}}{\underset{4}{\cancel{16}}\times\underset{3}{\cancel{15}}}=\frac{35}{12}=2\frac{11}{12}$

❸ ① $\frac{1}{12}$ ② 2

❸ ① $\frac{5}{8}\times\frac{4}{9}\times\frac{3}{10}=\frac{5\times\overset{}{\cancel{4}}\times\overset{}{\cancel{3}}}{\underset{2}{\cancel{8}}\times\underset{3}{\cancel{9}}\times\underset{2}{\cancel{10}}}=\frac{1}{12}$

  ② $\frac{6}{7}\times4\times\frac{7}{12}=\frac{\overset{}{\cancel{6}}\times\overset{}{\cancel{4}}\times\overset{}{\cancel{7}}}{\underset{}{\cancel{7}}\times1\times\underset{2}{\cancel{12}}}=2$

❹ ① $\frac{7}{8}$ ② $\frac{1}{9}$ ③ $\frac{5}{6}$

❹ ③$1.2=\frac{12}{10}=\frac{6}{5}\xrightarrow{逆数}\frac{5}{6}$

❺ あ、え

❺ かける数が1より大きいものを選びます。

❻ ① $\frac{7}{11}\times\frac{5}{9}+\frac{7}{11}\times\frac{4}{9}=\frac{5}{9}\times\frac{7}{11}+\frac{4}{9}\times\frac{7}{11}$
    $=\left(\frac{5}{9}+\frac{4}{9}\right)\times\frac{7}{11}=1\times\frac{7}{11}=\frac{7}{11}$
  ② $\frac{8}{7}\times\frac{4}{5}-\frac{3}{7}\times\frac{4}{5}=\left(\frac{8}{7}-\frac{3}{7}\right)\times\frac{4}{5}$
    $=\frac{5}{7}\times\frac{4}{5}=\frac{\overset{1}{\cancel{5}}\times4}{7\times\underset{1}{\cancel{5}}}=\frac{4}{7}$

❻ ①$a\times b=b\times a$ を使ってから、
  $(a+b)\times c=a\times c+b\times c$
  を右側から左側へ使います。
  ②$(a-b)\times c=a\times c-b\times c$
  を右側から左側へ使います。

❼ 式 $\frac{5}{6}\times1\frac{4}{5}=1\frac{1}{2}$ 答え $1\frac{1}{2}$kg$\left(\frac{3}{2}$kg$\right)$

❼ 1Lの重さ×体積＝全体の重さ

  $\frac{5}{6}\times1\frac{4}{5}=\frac{5}{6}\times\frac{9}{5}=\frac{\overset{1}{\cancel{5}}\times\overset{3}{\cancel{9}}}{\underset{2}{\cancel{6}}\times\underset{1}{\cancel{5}}}=\frac{3}{2}=1\frac{1}{2}$

⑧ ①$\frac{4}{9}$ m² ②18 m²

⑧ ①台形の面積＝(上底＋下底)×高さ÷2

$$\left(\frac{2}{3}+1\right)\times\frac{8}{15}\div2=\frac{5}{3}\times\frac{8}{15}\div2$$
$$=\frac{8}{9}\div2=\frac{4}{9}$$

②大小2つの長方形の面積の差で求めます。
　大きい長方形の横の長さは、
$$2\frac{1}{4}+1\frac{1}{2}+1\frac{1}{4}=5\,(\text{m})\text{です。}$$
$$4\times5-\frac{4}{3}\times1\frac{1}{2}=20-\frac{4}{3}\times\frac{3}{2}$$
$$=20-2=18$$

⑤ 分数÷分数

ぴったり① **準備** 32ページ

① ①3 ②2 ③1 ④9 ⑤10
② (1)①4 ②5 ③4 ④5 ⑤12 ⑥25
　 (2)①7 ②2 ③3 ④7 ⑤1 ⑥21
　 (3)①15 ②9 ③15 ④9 ⑤5 ⑥6

ぴったり② **練習** 33ページ　　　　　てびき

① ①$\frac{9}{40}$ ②$\frac{4}{7}$ ③28 ④$1\frac{1}{3}\left(\frac{4}{3}\right)$

② ①$3\frac{3}{4}\left(\frac{15}{4}\right)$ ②$\frac{1}{6}$ ③$2\frac{4}{5}\left(\frac{14}{5}\right)$ ④3

③ $1\frac{1}{5}\div\frac{3}{10}=4$　　　　答え　4回

④ $6\div1\frac{4}{5}=3\frac{1}{3}$　　答え　$3\frac{1}{3}$ m$\left(\frac{10}{3}\text{m}\right)$

① ②$\frac{6}{7}\div\frac{3}{2}=\frac{6}{7}\times\frac{2}{3}=\frac{\overset{2}{\cancel{6}}\times2}{7\times\cancel{3}}=\frac{4}{7}$

③$36\div\frac{9}{7}=\frac{36}{1}\times\frac{7}{9}=\frac{\overset{4}{\cancel{36}}\times7}{1\times\cancel{9}}=28$

④$\frac{10}{21}\div\frac{5}{14}=\frac{10}{21}\times\frac{14}{5}=\frac{\overset{2}{\cancel{10}}\times\overset{2}{\cancel{14}}}{\underset{3}{\cancel{21}}\times\underset{1}{\cancel{5}}}$
$$=\frac{4}{3}=1\frac{1}{3}$$

② ③$10\div3\frac{4}{7}=10\div\frac{25}{7}=\frac{10}{1}\times\frac{7}{25}$
$$=\frac{\overset{2}{\cancel{10}}\times7}{1\times\underset{5}{\cancel{25}}}=\frac{14}{5}=2\frac{4}{5}$$

④$6\frac{2}{5}\div2\frac{2}{15}=\frac{32}{5}\div\frac{32}{15}=\frac{32}{5}\times\frac{15}{32}$
$$=\frac{\overset{1}{\cancel{32}}\times\overset{3}{\cancel{15}}}{\underset{1}{\cancel{5}}\times\underset{1}{\cancel{32}}}=3$$

③ $1\frac{1}{5}\div\frac{3}{10}=\frac{6}{5}\div\frac{3}{10}=\frac{6}{5}\times\frac{10}{3}$
$$=\frac{\overset{2}{\cancel{6}}\times\overset{2}{\cancel{10}}}{\underset{1}{\cancel{5}}\times\underset{1}{\cancel{3}}}=4$$

④ $6\div1\frac{4}{5}=6\div\frac{9}{5}=\frac{6}{1}\times\frac{5}{9}$
$$=\frac{\overset{2}{\cancel{6}}\times5}{1\times\underset{3}{\cancel{9}}}=\frac{10}{3}=3\frac{1}{3}$$

1 ①4 ②3 ③9 ④4 ⑤3 ⑥12 ⑦大きい

2 ①$\frac{8}{3}$ ②$\frac{4}{5}$ ③$3\frac{1}{3}\left(\frac{10}{3}\right)$

3 ①$\frac{4}{3}$ ②$\frac{9}{4}$ ③3

てびき

1 大きくなるもの…④、エ
小さくなるもの…⑦、ウ

2 式 $\frac{10}{21}\div\frac{2}{3}=\frac{5}{7}$　　　答え $\frac{5}{7}$ kg

3 式 $4\frac{2}{3}\div1\frac{3}{4}=2\frac{2}{3}$　　答え $2\frac{2}{3}$ kg$\left(\frac{8}{3}\text{kg}\right)$

4 式 $\frac{7}{10}\times\frac{4}{7}=\frac{2}{5}$　　　答え $\frac{2}{5}$ L

5 式 $13\frac{1}{2}\times\frac{4}{9}=6$　　　答え 6g

1 わる数が1より小さいとき、商はわられる数より大きくなります。わる数が1より大きいとき、商はわられる数より小さくなります。

2 $\frac{10}{21}\div\frac{2}{3}=\frac{10}{21}\times\frac{3}{2}=\frac{\overset{5}{10}\times\overset{1}{3}}{\underset{7}{21}\times\underset{1}{2}}=\frac{5}{7}$

3 $4\frac{2}{3}\div1\frac{3}{4}=\frac{14}{3}\div\frac{7}{4}=\frac{14}{3}\times\frac{4}{7}$
$=\frac{\overset{2}{14}\times4}{3\times\underset{1}{7}}=\frac{8}{3}=2\frac{2}{3}$

4 $\frac{7}{10}\times\frac{4}{7}=\frac{\overset{1}{7}\times\overset{2}{4}}{\underset{5}{10}\times\underset{1}{7}}=\frac{2}{5}$

5 $13\frac{1}{2}\times\frac{4}{9}=\frac{27}{2}\times\frac{4}{9}=\frac{\overset{3}{27}\times\overset{2}{4}}{\underset{1}{2}\times\underset{1}{9}}=6$

てびき

1 ①$\frac{35}{36}$ ②$\frac{8}{9}$ ③18 ④$\frac{2}{3}$

2 ①$3\frac{1}{2}\left(\frac{7}{2}\right)$ ②$\frac{5}{32}$ ③$\frac{2}{3}$ ④$1\frac{1}{6}\left(\frac{7}{6}\right)$
⑤$1\frac{1}{35}\left(\frac{36}{35}\right)$ ⑥$\frac{10}{21}$

1 ①$\frac{5}{9}\div\frac{4}{7}=\frac{5}{9}\times\frac{7}{4}=\frac{35}{36}$

③$14\div\frac{7}{9}=\frac{14}{1}\times\frac{9}{7}=\frac{\overset{2}{14}\times9}{1\times\underset{1}{7}}=18$

2 ①$2\frac{5}{8}\div\frac{3}{4}=\frac{\overset{7}{21}\times\overset{1}{4}}{\underset{2}{8}\times\underset{1}{3}}=\frac{7}{2}=3\frac{1}{2}$

②$\frac{3}{8}\div2\frac{2}{5}=\frac{3\times5}{8\times\underset{4}{12}}=\frac{5}{32}$

③$1\frac{2}{3}\div2\frac{1}{2}=\frac{\overset{1}{5}\times2}{3\times\underset{1}{5}}=\frac{2}{3}$

④$3\frac{5}{6}\div3\frac{2}{7}=\frac{23\times7}{6\times\underset{1}{23}}=\frac{7}{6}=1\frac{1}{6}$

⑤$1\frac{13}{14}\div1\frac{7}{8}=\frac{\overset{9}{27}\times\overset{4}{8}}{\underset{7}{14}\times\underset{5}{15}}=\frac{36}{35}=1\frac{1}{35}$

⑥$3\frac{8}{9}\div8\frac{1}{6}=\frac{\overset{5}{35}\times\overset{2}{6}}{\underset{3}{9}\times\underset{7}{49}}=\frac{10}{21}$

③ 式 $7\frac{1}{2} \div \frac{3}{4} = 10$　　　答え　10本

④ 式 $\frac{3}{4} \div \frac{5}{18} = 2\frac{7}{10}$

　　　　　　答え　$2\frac{7}{10}$ kg $\left(\frac{27}{10}$ kg$\right)$

⑤ 式 $2\frac{4}{5} \div \frac{7}{25} = 10$　　　答え　10 m

⑥ ①、エ

⑦ $8 \div 3\frac{1}{3} = 2\frac{2}{5}$　　　答え　$2\frac{2}{5}$ cm $\left(\frac{12}{5}$ cm$\right)$

⑧ $\frac{2}{5} \div \frac{3}{4} = \frac{8}{15}$　　$\frac{1}{5} \div \frac{3}{7} = \frac{7}{15}$

　$\frac{8}{15} \div \frac{7}{15} = 1\frac{1}{7}$　　　答え　$1\frac{1}{7}$ 倍 $\left(\frac{8}{7}$ 倍$\right)$

しあげの5分レッスン　分数の計算も、わり算まで終えました。応用問題では、かけ算やわり算、どの計算を使うかの判断が必要となります。ヒントになるのは、整数のときはどうしたのかの経験です。迷ったら、整数のときにどうしたのかを思い出して、同じようにやればよいです。

③ 全部の量÷1本あたりの量＝本数

$7\frac{1}{2} \div \frac{3}{4} = \frac{\overset{5}{\cancel{15}} \times \overset{2}{\cancel{4}}}{\underset{1}{\cancel{2}} \times \underset{1}{\cancel{3}}} = 10$

④ 単位量あたりの大きさ＝全体の大きさ÷いくつ分

$\frac{3}{4} \div \frac{5}{18} = \frac{3 \times \overset{9}{\cancel{18}}}{\underset{2}{\cancel{4}} \times 5} = \frac{27}{10} = 2\frac{7}{10}$

⑤ 青いひもの長さを x m とおけば、

$x \times \frac{7}{25} = 2\frac{4}{5}$

$x = 2\frac{4}{5} \div \frac{7}{25} = \frac{\overset{2}{\cancel{14}} \times \overset{5}{\cancel{25}}}{\underset{1}{\cancel{5}} \times \underset{1}{\cancel{7}}} = 10$

⑥ 1より小さい数でわると、商はわられる数より大きくなります。

⑦ 「底辺×高さ＝平行四辺形の面積」から、高さを x cm とすると、$3\frac{1}{3} \times x = 8$ という式になるので、

$x = 8 \div 3\frac{1}{3} = 8 \div \frac{10}{3} = 8 \times \frac{3}{10} = \frac{\overset{4}{\cancel{8}} \times 3}{1 \times \underset{5}{\cancel{10}}}$

$= \frac{12}{5} = 2\frac{2}{5}$

⑧ 同じ面積のへいをぬるときのペンキの量を比べるから、1 m² のへいをぬるときのペンキの量で比べます。1 m² のへいをぬるのに必要なペンキの量は、

赤いペンキ　$\frac{2}{5} \div \frac{3}{4} = \frac{8}{15}$ (L)

青いペンキ　$\frac{1}{5} \div \frac{3}{7} = \frac{7}{15}$ (L)

「赤いペンキは青いペンキの何倍」ときかれているので、

$\frac{8}{15} \div \frac{7}{15} = \frac{8}{15} \times \frac{15}{7} = \frac{8 \times \overset{1}{\cancel{15}}}{\underset{1}{\cancel{15}} \times 7} = \frac{8}{7} = 1\frac{1}{7}$ (倍)

となります。

15

6 資料の整理

1 (1)①189 ②189 ③15 ④12.6
(2)①得点 ②人数 ③19 ④8
2 ①200 ②200 ③16 ④12.5 ⑤20 ⑥7

てびき

1 ①A ②B ③B

2 ①

1組の読んだ本の冊数

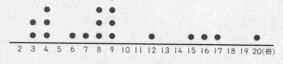

2組の読んだ本の冊数

②1組…9冊、2組…8.5冊、大きい組…1組

1 ①平均値は、A班が12.6点、B班が12.5点です。
②最高得点は20点満点で、B班にいます。
③A班は8点から19点まで、
B班は7点から20点までにちらばっています。

2 ②1組の平均値は、
(3×2+4×3+6+7+8×3+9×4+12
+15+16+17+20)÷19
=171÷19=9(冊)
2組の平均値は、
(2+3×3+4+5+7+8+9+10×2
+11×4+12+15+18)÷18
=153÷18=8.5(冊)
平均値が大きいのは、1組です。

1 ①10 ②14
2 ①10 ②11 ③12 ④15 ⑤8 ⑥11
3 ①11 ②12 ③13 ④16 ⑤8 ⑥12 ⑦9 ⑧13 ⑨12.5

てびき

1 ①最頻値…9冊、中央値…8冊
②最頻値…11冊、中央値…9.5冊
③(例) 2組の方が最頻値も中央値もともに1組
より大きいから。

2 ①

1組の反復横とびの記録

②最頻値…45点、中央値…41点

1 ①最頻値は、データの中でもっとも多く現れた値の
9冊です。ドットプロットでは、ドット●がもっ
とも多い冊数を見ればわかります。
中央値は、データの数が19なので、小さい順に
並べて10番目の値であり、ドットプロットで●
の数を数えていくと、8冊とわかります。
②中央値は、データの数が18なので、小さい順に
並べて9番目の9冊と、10番目の10冊の平均
値であり、(9+10)÷2=9.5(冊)です。

2 ②①のドットプロットを見ながら考えます。
最頻値は、ドット●がもっとも多い45点です。
中央値は、10番目の値40点と11番目の値
42点の平均値で、(40+42)÷2=41(点)です。

1 (1)①8　②15　③20　(2)4　(3)①5　②10
2 ①5　②5

てびき

1 ①2組　②2組　③1組

2 ①⑦8　①7　⑦3
②(人)1組のソフトボール投げの記録

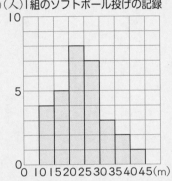

③階級…25m以上30m未満
　割合…23.3%
④20m以上25m未満

1 ①25分以上30分未満の階級の人数で比べます。
　1組は3人、2組は5人です。
②5分以上10分未満と、10分以上15分未満の
　2つの階級の人数の和で比べます。
　1組は、2+7=9(人)
　2組は、4+6=10(人)
③3つの階級の人数の和で比べます。
　1組は、7+8+4=19(人)
　2組は、6+7+3=16(人)

2 ①記録の表の中で、20m以上35m未満の値を調
　べます。表の左上すみから順に(左→右)
　⑦21、23、20、21、20、22、21、24
　①26、28、25、26、27、29、27
　⑦31、34、32
②柱状グラフをかくときは、柱(長方形)の縦の線は
　間をあけずにくっつけてかきます。
③度数が7で2番目に大きい25m以上30m未
　満の階級です。割合は、
　7÷30×100=23.33…(%)
④記録が小さい方から数えて15番目と16番目の
　値の平均値が中央値になります。柱状グラフで左
　の階級から順に数えていくと、15番目と16番
　目は、どちらも20m以上25m未満の階級に
　入っています。

てびき

1 ①
Aチームの正答数

10 11 12 13 14 15 16 17 18 19 20 21 22 23 24 25(問)

最頻値…16問、中央値…19問
平均値…18問

②
Bチームの正答数

10 11 12 13 14 15 16 17 18 19 20 21 22 23 24 25(問)

最頻値…18問、中央値…17問
平均値…17.5問

2 ①9人
②40m以上45m未満

1 ①中央値は、データの数が13なので、小さい方か
　ら数えて7番目の値です。ドットプロットで左か
　ら●を数えて、19問とわかります。
　平均値は、ドットプロットを使うと、
　(13+14+16×3+17+19×2+20×2
　+21×2+22)÷13=234÷13=18(問)
②中央値は、データの数が14なので、小さい方か
　ら数えて7番目と8番目の値の平均値になります。
　(16+18)÷2=17(問)
　平均値は、
　(12+13+14+15×2+16×2+18×3
　+21+22+23+24)÷14
　=245÷14=17.5(問)

2 ①15m以上20m未満、20m以上25m未満、
　25m以上30m未満の3つの階級の人数の和に
　なります。1+3+5=9(人)

❸ ①6年2組のソフトボール投げの記録

きょり(m)	人数(人)
15以上〜20未満	1
20 〜25	2
25 〜30	6
30 〜35	4
35 〜40	4
40 〜45	2
45 〜50	1
合計	20

②(人)6年2組のソフトボール投げの記録

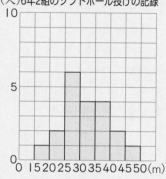

③あ 1組…31.8 %
　　 2組…30 %
　い 1組…30 m 以上 35 m 未満
　　 2組…35 m 以上 40 m 未満

はってん

1 ①(人)　通学時間

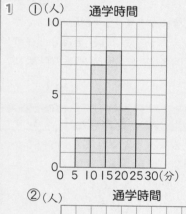

②(人)　通学時間

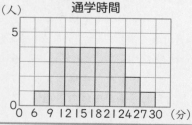

❸ ① ●（ドット）や正の字を使って整理するとよいでしょう。

③あ 1組でいちばん大きい度数(人数)は7なので、
　　7÷22×100=31.8\…(%)
　　2組でいちばん大きい度数(人数)は6なので、
　　6÷20×100=30(%)
　い 1組では、記録のよい方の階級から人数を加えていくと、
　　1+2+3=6(人)
　　1+2+3+7=13(人)なので、遠くに投げた方から数えて7番目の人は、記録のよい方から4つ目の30 m以上35 m未満の階級に入ります。
　　2組では、1+2+4=7(人)なので、7番目の人は、記録のよい方から3つ目の35 m以上40 m未満の階級に入ります。

1 表のデータが値の小さい順にならんでいることに注意して、階級の幅で区切っていきます。
　たとえば、②ではどのあたりの値が多いのかがよくわかりません。このように、階級の幅が細かすぎると、ちらばりのようすがかえってわかりにくくなったりします。

しあげの5分レッスン ドットプロット、平均値、最頻値、中央値、未満、階級、度数分布表などのように新しいことばがたくさん出てきます。友だちやおうちの方へ意味を説明できるくらいにくり返し学習しておきましょう。

❼ ならべ方と組み合わせ方

ぴったり1 準備　46ページ

1 ①か ②ま ③か ④ひ ⑤ま ⑥ま ⑦ひ
　⑧ま ⑨か ⑩か ⑪ひ ⑫ま ⑬か ⑭ひ ⑮6
2 ①8 ②6 ③8 ④4 ⑤6 ⑥4 ⑦6 ⑧6 ⑨24

❶ ①

1番目	2番目	3番目
は（はるき）	ま（まさお）	や（やすえ）
は	や	ま
ま	は	や
ま	や	は
や	は	ま
や	ま	は

②1番目　　2番目　　3番目　　③6通り

❷ ①百の位　　　　　十の位　　　　　一の位

❷ 十の位を決めたら、残りの2つの数が一の位になります。

1が百の位のとき6通りあり、2、5、7が百の位のときもそれぞれ6通りあるので、全部で、

6×4＝24（通り）

❸ フリースローが入った場合を○、入らなかった場合を×として、1回目が入った場合と入らなかった場合で分けて図にすると、次のようになります。

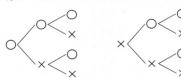

②6通り　③24通り

❸ 8通り

❶ ①C（シー）　②D（ディー）　③D　④6　⑤6　（①と②は入れかわってもよい）

❷ ①1　②1　③5

❶ 3試合

❶ 3チームをA（エー）、B（ビー）、Cとすると試合は、

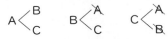

A対B、A対C、B対Cの3試合です。

❷ ①

	A	B	C	D	E（イー）	F（エフ）
A		○	○	○	○	○
B			○	○	○	○
C				○	○	○
D					○	○
E						○
F						

②15試合

❷ A対BとB対Aは同じ試合です。

一方だけに○をつけます。

○の数（試合の数）は、

1＋2＋3＋4＋5＝15

です。

19

③①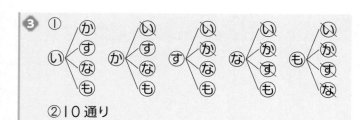

②10通り

④ 4通り

③ ①図をかくときに、重なることがわかっている組み合わせを省いて、次のようにかくこともあります。ただし、落ちがないように注意しなければなりません。

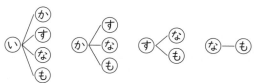

④ 4枚のカードから3枚選ぶことと、選ばずに残す1枚をどれにするか決めることは同じことです。
4枚のうちのどの1枚かの決め方は4通りあります。
実際に積を求めると、
2×3×4＝24　　1×3×4＝12
1×2×4＝8　　1×2×3＝6

ぴったり3　確かめのテスト　50～51ページ　　てびき

❶ 6通り

❷ ①6通り　②24通り　③6通り

❸ 12通り

❹ (り、バ)、(り、ぶ)、(り、も)、
(バ、ぶ)、(バ、も)、(ぶ、も)　6通り

❺ 10通り

❶ 図の1—2—3の順に、赤、青、黄をならべることと同じになります。

❷ ①たかしさん、まさよさん、めぐみさんの3人の順番の決め方は、下の6通りです。

た＜ま—め／め—ま　　ま＜た—め／め—た　　め＜た—ま／ま—た

②①のようにアンカーを1人決めたときに、6通りあり、アンカーの決め方が4通りあるので、
6×4＝24（通り）

③めぐみさんとまさよさんを、この順に組にして考えます。

あ＜た—めま／めま—た　　た＜あ—めま／めま—あ

めま＜あ—た／た—あ　　　6通り

❸ あゆみさんを委員長に決めた場合の副委員長の決め方を図にすると、右の3通りです。委員長をかいとさん、さくらさん、たくやさんに決めたときも、3通りずつあるので、決め方は全部で、
3×4＝12（通り）

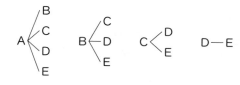

❺ A～Eの5つの点から残りの2つの頂点を選ぶことになります。2つの点の組み合わせは、次の図のように10通りです。

A＜B／C／D／E　　B＜C／D／E　　C＜D／E　　D—E

⑥ 8通り

⑦ ①16通り
　②160円、560円、610円、650円

⑧ ①9通り　②5通り　③18通り

⑥ と中で道路が交わっている地点をCとし、AからCまでの4本の道路を a、b、c、d、CからBまでの2本の道路を e、f とすると、次の8通りです。

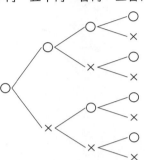

⑦ ①表が出る場合を○、裏が出る場合を×として、十円玉が表の場合を図にすると、次の8通り。

十円　五十円　百円　五百円

十円玉が裏の場合も8通りあるので、
8×2＝16（通り）

②4個の中から3個選ぶとき、選ばれない1個は、十円玉、五十円玉、百円玉、五百円玉のどれかです。4個の合計金額は、
10＋50＋100＋500＝660（円）なので、できる金額は、660－10＝650（円）、
660－50＝610（円）、660－100＝560（円）、
660－500＝160（円）となります。

⑧ ①2けたの整数なので、0は十の位の数にならないことに注意します。図の9通り。

$$1 \left< \begin{matrix} 0\cdots10 \\ 2\cdots12 \\ 3\cdots13 \end{matrix} \right. \qquad 2 \left< \begin{matrix} 0\cdots20 \\ 1\cdots21 \\ 3\cdots23 \end{matrix} \right. \qquad 3 \left< \begin{matrix} 0\cdots30 \\ 1\cdots31 \\ 2\cdots32 \end{matrix} \right.$$

②偶数は、10、12、20、30、32の5通り。

③1が千の位のとき、図のように6通りできます。

$$1 \left< \begin{matrix} 0 \left< \begin{matrix} 2-3\cdots1023 \\ 3-2\cdots1032 \end{matrix} \right. \\ 2 \left< \begin{matrix} 0-3\cdots1203 \\ 3-0\cdots1230 \end{matrix} \right. \\ 3 \left< \begin{matrix} 0-2\cdots1302 \\ 2-0\cdots1320 \end{matrix} \right. \end{matrix} \right.$$

千の位が2、3のときもそれぞれ6通りできるので、
6×3＝18（通り）

⑧ 小数と分数の計算

ぴったり1　準備　**52ページ**

❶ (1)①2　②0.5　③0.5　④0.7　⑤10　⑥$\frac{1}{5}$　⑦$\frac{1}{5}$　⑧$\frac{7}{10}$

　　(2)①3　②10　③$\frac{2}{5}$　④$\frac{2}{5}$　⑤$\frac{1}{15}$

2 (1)①10 ②3 ③10 ④3 ⑤$\frac{2}{9}$

(2)①1 ②12 ③1 ④6 ⑤5 ⑥1 ⑦6 ⑧$\frac{5}{8}$

ぴったり2 練習 53ページ

てびき

① ①$\frac{19}{30}$ ②1.1$\left(1\frac{1}{10}、\frac{11}{10}\right)$ ③$\frac{28}{45}$ ④$\frac{4}{35}$

⑤0.5$\left(\frac{1}{2}\right)$ ⑥$\frac{7}{15}$

② ①$\frac{4}{7}$ ②$\frac{1}{14}$ ③6 ④$\frac{2}{3}$ ⑤$\frac{15}{16}$ ⑥10

③ ①$\frac{3}{4}$ ②20

① ①$\frac{1}{3}+0.3=\frac{1}{3}+\frac{3}{10}=\frac{10}{30}+\frac{9}{30}=\frac{19}{30}$

②$0.9+\frac{1}{5}=0.9+0.2=1.1\left(1\frac{1}{10}\right)$

③$0.4+\frac{2}{9}=\frac{2}{5}+\frac{2}{9}=\frac{18}{45}+\frac{10}{45}=\frac{28}{45}$

④$\frac{5}{7}-0.6=\frac{5}{7}-\frac{3}{5}=\frac{25}{35}-\frac{21}{35}=\frac{4}{35}$

⑤$\frac{3}{4}-0.25=0.75-0.25=0.5\left(\frac{1}{2}\right)$

⑥$1\frac{1}{6}-0.7=\frac{7}{6}-\frac{7}{10}=\frac{35}{30}-\frac{21}{30}=\frac{14}{30}=\frac{7}{15}$

② ①$\frac{2}{3}÷\frac{7}{10}×\frac{3}{5}=\frac{2}{3}×\frac{10}{7}×\frac{3}{5}=\frac{4}{7}$

②$\frac{1}{5}×\frac{2}{7}÷\frac{4}{5}=\frac{1}{5}×\frac{2}{7}×\frac{5}{4}=\frac{1}{14}$

③$4\frac{1}{2}÷0.3×\frac{2}{5}=\frac{9}{2}÷\frac{3}{10}×\frac{2}{5}$
$=\frac{9}{2}×\frac{10}{3}×\frac{2}{5}=6$

④$\frac{3}{5}÷0.36×0.4=\frac{3}{5}÷\frac{36}{100}×\frac{4}{10}$
$=\frac{3}{5}×\frac{100}{36}×\frac{4}{10}=\frac{2}{3}$

⑤$0.45÷\frac{8}{15}÷\frac{9}{10}=\frac{45}{100}×\frac{15}{8}×\frac{10}{9}=\frac{15}{16}$

⑥$\frac{6}{7}÷0.24÷\frac{5}{14}=\frac{6}{7}×\frac{100}{24}×\frac{14}{5}=10$

③ ①$0.27÷0.8÷0.45=\frac{27}{100}×\frac{10}{8}×\frac{100}{45}=\frac{3}{4}$

②$15÷9×12=\frac{15}{1}×\frac{1}{9}×\frac{12}{1}=20$

ぴったり1 準備 54ページ

1 ①180 ②12 ③15 ④15 ⑤$6\frac{2}{3}\left(\frac{20}{3}\right)$ ⑥12 ⑦180 ⑧$\frac{1}{15}$ ⑨$\frac{1}{15}$ ⑩$6\frac{2}{3}\left(\frac{20}{3}\right)$

2 ①0.2 ②0.2 ③240 ④240 ⑤960 ⑥0.2 ⑦0.8 ⑧960

ぴったり2 練習 55ページ

てびき

① ①14 km ②$\frac{1}{14}$L ③$7\frac{1}{7}$L$\left(\frac{50}{7}$L$\right)$

① ①$280÷20=14$

②$20÷280=\frac{20}{280}=\frac{1}{14}$

③①を使うと、
$□=\frac{100}{14}=\frac{50}{7}$

14 km	100 km
1 L	□ L

②を使うと、
$□=\frac{1}{14}×100=\frac{50}{7}$

$\frac{1}{14}$ L	□ L
1 km	100 km

22

② 1230円

② $1500×0.18=270$　$1500-270=1230$
1つの式で求めると、
$1500×(1-0.18)=1500×0.82=1230$

③ ①約1.2kg　②約200個　③約28kg

③ ①$54×\dfrac{1}{45}=\dfrac{6}{5}=1.2$
②体全体の骨の数を□個とすると、
　$□×\dfrac{3}{22}=27$　$□=27÷\dfrac{3}{22}=198$
③$42×\dfrac{2}{3}=28$

ぴったり3 確かめのテスト　56〜57ページ　てびき

① ①$\dfrac{34}{45}$　②$0.4\left(\dfrac{2}{5}\right)$　③$\dfrac{4}{15}$　④$\dfrac{7}{12}$

① ①$0.2+\dfrac{5}{9}=\dfrac{2}{10}+\dfrac{5}{9}=\dfrac{1}{5}+\dfrac{5}{9}$
　　$=\dfrac{9}{45}+\dfrac{25}{45}=\dfrac{34}{45}$
②$\dfrac{1}{4}+0.15=0.25+0.15=0.4\left(\dfrac{2}{5}\right)$
③$\dfrac{2}{3}-0.4=\dfrac{2}{3}-\dfrac{4}{10}=\dfrac{2}{3}-\dfrac{2}{5}$
　　$=\dfrac{10}{15}-\dfrac{6}{15}=\dfrac{4}{15}$
④$\dfrac{5}{6}-0.25=\dfrac{5}{6}-\dfrac{25}{100}=\dfrac{5}{6}-\dfrac{1}{4}$
　　$=\dfrac{10}{12}-\dfrac{3}{12}=\dfrac{7}{12}$

② ①$\dfrac{5}{8}$　②$\dfrac{2}{3}$　③$\dfrac{1}{3}$　④$\dfrac{1}{5}$　⑤$17\dfrac{1}{2}\left(\dfrac{35}{2}\right)$
⑥14

② ①$\dfrac{1}{2}÷\dfrac{2}{3}×\dfrac{5}{6}=\dfrac{1×3×5}{2×2×6}=\dfrac{5}{8}$
②$\dfrac{1}{3}÷0.3×\dfrac{3}{5}=\dfrac{1×10×3}{3×3×5}=\dfrac{2}{3}$
③$\dfrac{5}{7}÷1.5×0.7=\dfrac{5×10×7}{7×15×10}=\dfrac{1}{3}$
④$0.2÷1.25÷0.8=\dfrac{2×100×10}{10×125×8}=\dfrac{1}{5}$
⑤$21×25÷30=\dfrac{21×25×1}{1×1×30}=\dfrac{35}{2}=17\dfrac{1}{2}$
⑥$18÷45×35=\dfrac{18×1×35}{1×45×1}=14$

③ ①$\dfrac{5}{8}$m²　②$\dfrac{1}{2}$m²

③ ①$1.5×\dfrac{5}{6}÷2=\dfrac{3}{2}×\dfrac{5}{6}×\dfrac{1}{2}=\dfrac{5}{8}$
②$\left(\dfrac{1}{2}+\dfrac{3}{4}\right)×0.8÷2=\left(\dfrac{2}{4}+\dfrac{3}{4}\right)×0.8÷2$
　　$=\dfrac{5}{4}×\dfrac{8}{10}×\dfrac{1}{2}=\dfrac{5×8×1}{4×10×2}=\dfrac{1}{2}$

④ $3\dfrac{3}{7}$cm$\left(\dfrac{24}{7}\text{cm}\right)$

④ 「ひし形の面積＝対角線×対角線÷2」です。
もう1本の対角線の長さを□cmとすると、
　$□×4\dfrac{2}{3}÷2=8$　$□×\dfrac{14}{3}=8×2$
　$□=16×\dfrac{3}{14}=\dfrac{24}{7}=3\dfrac{3}{7}$

⑤ ①1080円　②650円

⑤ ①$800×(1+0.35)=800×1.35=1080$
②定価を□円とすると、
　$□×(1-0.2)=520$
　$□=520÷0.8=650$

⑥ $26\frac{2}{3}$ L $\left(\frac{80}{3}$ L$\right)$

⑦ ①分数…$\frac{3}{4}$ 時間、小数…0.75 時間

②$\frac{1}{3}$ 時間　③25 分

> **⌂おうちのかたへ**　分数を使うと、小数で表せない数も表すことができるので、計算の際には分数は小数と比べてより汎用性の高いツールであるといえます。このことを認識してもらうことが重要になります。

⑥ $240÷16=15$　　$400÷15=\frac{80}{3}$

または、$16÷240=\frac{1}{15}$　　$\frac{1}{15}×400=\frac{80}{3}$

⑦ ①$\frac{45}{60}=\frac{3}{4}$（時間）、$\frac{3}{4}=0.75$（時間）

②$\frac{20}{60}=\frac{1}{3}$（時間）です。$\frac{1}{3}=0.333…$なので、

小数では表すことができません。

③$60×\frac{5}{12}=25$（分）

> **⏰しあげの5分レッスン**　小数と分数が混じった計算は、小数を分数になおすといつでも計算できるようになります。分数のたし算・ひき算、かけ算・わり算を確実に身につけておきましょう。

倍の計算〜分数倍〜

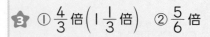
ソフトボール投げ　**58〜59** ページ　　　　　**てびき**

★1 ①⑦16　①20
②⑦16　①20　⑨$\frac{4}{5}$

★2 ①$\frac{6}{5}\left(1\frac{1}{5}\right)$　②$\frac{3}{4}$　③$\frac{1}{3}$

★3 ①$\frac{4}{3}$倍$\left(1\frac{1}{3}$倍$\right)$　②$\frac{5}{6}$倍

★4 ①⑦12　①$\frac{5}{6}$　②10 cm

★5 ①2700　②72

★6 ①44人　②30人

★7 300 L

★1 ②$16÷20=\frac{16}{20}=\frac{4}{5}$（倍）

★2 ①$30÷25=\frac{30}{25}=\frac{6}{5}$（倍）

②$75÷100=\frac{75}{100}=\frac{3}{4}$（倍）

③$13÷39=\frac{13}{39}=\frac{1}{3}$（倍）

★3 ①$32÷24=\frac{32}{24}=\frac{4}{3}$（倍）

②$20÷24=\frac{20}{24}=\frac{5}{6}$（倍）

★4 ②$12×\frac{5}{6}=10$（cm）

★5 ①$3600×\frac{3}{4}=2700$（円）

②x km とすると、
$x×\frac{4}{9}=32$　　$x=32÷\frac{4}{9}=72$

★6 ①$36×\frac{11}{9}=44$（人）

②5月の参加人数を x 人とすると、
$x×\frac{6}{5}=36$　　$x=36÷\frac{6}{5}=30$

★7 水そうの容積を x L とすると、
$x×\frac{2}{5}=120$　　$x=120÷\frac{2}{5}=300$

❾ 円の面積

ぴったり❶　準備　**60** ページ

1 ①16　②32　③長方形　④長方形　⑤半径　⑥円周　⑦直径　⑧半径　⑨直径　⑩半径　⑪半径

2 (1)①2　②2　③12.56
(2)①16　②8　③8　④8　⑤200.96

❶ ①28.26 cm² ②113.04 cm²

❷ ①628 cm² ②78.5 cm²

❸ ①半径…2cm、面積…12.56 cm²
　②半径…4cm、面積…50.24 cm²

❹ ①339.12 cm² ②43 cm²

❶ ①3×3×3.14＝28.26
　②6×6×3.14＝113.04

❷ ①20×20×3.14÷2＝628
　②10×10×3.14÷4＝78.5

❸ 「直径×3.14＝円周」から、「直径＝円周÷3.14」
　になります。「半径＝直径÷2」です。
　①12.56÷3.14＝4
　　4÷2＝2　　2×2×3.14＝12.56
　②25.12÷3.14＝8
　　8÷2＝4　　4×4×3.14＝50.24

❹ ①半径12cm の円の面積から、色のついていない
　　円の面積をひきます。
　　色のついていない円の直径は12cm なので、
　　半径は6cm になります。
　　12×12×3.14－6×6×3.14＝339.12
　②縦10cm、横20cm の長方形の面積から、
　　半径10cm の円の4分の1の2つ分の面積をひ
　　きます。
　　10×20－(10×10×3.14÷4)×2＝43

❶ ①11 ②21 ③11 ④21 ⑤2150 ⑥2150 ⑦40 ⑧50 ⑨2000 ⑩2000

❷ ①7 ②16 ③7 ④16 ⑤15 ⑥15

❶ ①約30 m² ②約28 m²

❷ ①約492 km² ②約500 km²

❶ ①まわりの線の中にある方眼の数が16個、線が
　　通っている方眼の数が28個あります。
　　方眼1個の面積は1m² なので、
　　1×16＋1×28÷2＝30
　②7×8÷2＝28

❷ ①まわりの線の中にある方眼の数が98個、線が
　　通っている方眼の数が50個あります。
　　方眼1個の面積は2×2＝4 (km²)だから、
　　4×98＋4×50÷2＝492
　②半径12km の円とほぼ同じと考えられるので、
　　面積の公式を使って求めます。
　　12×12×3.14＝452.16　→　約500 km²

❶ ①153.86 cm² ②78.5 cm²

❷ ①25.12 cm² ②3.14 cm²

❶ ②10÷2＝5　　5×5×3.14＝78.5

❷ ①円の半分です。4×4×3.14÷2
　　計算は、4÷2 を先にして、
　　4×4×3.14÷2＝4×2×3.14＝8×3.14
　　としましょう。
　②円の4分の1です。
　　2×2×3.14÷4＝3.14

③ 直径…12 cm、面積…113.04 cm²

④ ①102.8 m ②714 m²

⑤ 約112 km²

⑥ ①25.12 cm² ②86 cm² ③82.08 cm²
　④18.24 cm²

③ 「直径＝円周÷3.14」から、
　37.68÷3.14＝12　　6×6×3.14＝113.04

④ ①両側のカーブの部分をたすと1つの円になります。
　直径20 mの円周と20 m（直線部分）2つ分の和に
　なります。
　20×3.14＋20×2＝102.8
　②直径が20 mの円と、1辺20 mの正方形の面
　積の和になります。
　20÷2＝10
　10×10×3.14＋20×20＝714

⑤ まわりの線の中にある方眼の数が17個、線が通っ
　ている方眼の数が22個あります。
　方眼1個の面積は2×2＝4（km²）だから、
　4×17＋4×22÷2＝112

⑥ ①下の図のように、半径4 cmの円の面積の半分に
　なります。
　4×4×3.14÷2＝25.12

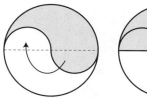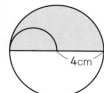

　②1辺20 cmの正方形の面積から、白い部分の面
　積をひきます。
　白い部分は、半円が2つなので、半径10 cmの
　円の面積になります。
　20×20－10×10×3.14＝86
　③下の図のあの面積の2倍と考えます。あの面積は、
　半径12 cmの円の4分の1から正方形の面積の
　半分をひいて求めます。
　12×12×3.14÷4－12×12÷2
　＝113.04－72＝41.04
　41.04×2＝82.08

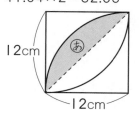

　④下の図のように、半径8 cmの円の4分の1から
　三角形の面積をひいたものになります。
　8×8×3.14÷4－8×8÷2＝50.24－32
　＝18.24

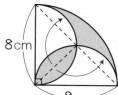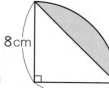

⑦ ①14 cm ②76.93 cm²

（⏱しあげの5分レッスン） 3.14 をかける計算が出てくるので、小数点の位置に気をつけて、ていねいに計算しましょう。また、公式を使って面積を求めるときは、半径と直径をまちがえないように注意しましょう。

⑦ ①もとの円の直径（A̅B̅）を1とおけば、曲線部分の長さは、1×3.14÷2＝1.57なので、この図形（半円）の周の長さは、A̅B̅の長さの、1＋1.57＝2.57（倍）になります。よって、A̅B̅の長さは、35.98÷2.57＝14（cm）
②もとの円の半径は、14÷2＝7（cm）なので、7×7×3.14÷2＝76.93（cm²）

⑩ 立体の体積

ぴったり1 準備 66 ページ

1 (1)①4 ②12 ③5 ④12 ⑤5 ⑥60
(2)①6 ②3 ③2 ④8 ⑤72

2 ①5 ②5 ③5 ④5 ⑤8 ⑥628

ぴったり2 練習 67 ページ てびき

1 120 cm³

2 ①48 cm² ②240 cm³

3 ①6280 cm³ ②753.6 cm³
③565.2 cm³ ④4.71 cm³

1 底面積は、6×5÷2＝15（cm²）
角柱の体積＝底面積×高さより、15×8＝120（cm³）

2 ①ひし形の面積＝対角線×対角線÷2
12×8÷2＝48（cm²）
②48×5＝240（cm³）

3 ①円柱の体積＝底面積×高さ
（10×10×3.14）×20＝6280（cm³）
②（4×4×3.14）×15＝753.6（cm³）
③底面の半径が6cm、高さが10cmの円柱の半分だから、
（6×6×3.14）×10÷2＝565.2（cm³）
④底面の半径が1cmで、高さが
1.5×10＝15（mm）→1.5cmの円柱になるから、（1×1×3.14）×1.5＝4.71（cm³）

ぴったり1 準備 68 ページ

1 ①8 ②8 ③4 ④4 ⑤48 ⑥8 ⑦48 ⑧8 ⑨384

2 ①4 ②4 ③50.24 ④5 ⑤250

ぴったり2 練習 69 ページ てびき

1 ①360 cm³ ②420 cm³

1 ①見取図の右側の面を底面とする角柱とみると、底面積は、
（5＋3）×（4＋6）－5×4＝80－20＝60（cm²）
高さは6cmとなるので、体積は、
60×6＝360（cm³）
②底面積は、
12×8－（12－9）×（8－4）
＝96－12＝84（cm²）
よって、体積は、84×5＝420（cm³）

② ①847.8 m³ ②384 cm³

③ 約8400 cm³

② ①底面積は、計算のきまりを使って、
7×7×3.14−2×2×3.14
=(49−4)×3.14=45×3.14=141.3(m²)
体積は、141.3×6=847.8(m³)
②見取図の手前の面を底面とみると、底面積は、
(4+4+4)×4+(4+4)×4+4×4=96(cm²)
体積は、96×4=384(cm³)

③ 底面の台形の面積は、
(17+15)×15÷2=240(cm²)
240×35=8400(cm³)

ぴったり3 確かめのテスト　70〜71ページ　てびき

① ①62.8 cm³　②84 cm³
③144 cm³　④540 cm³

② ①423.9 cm³　②780 cm³

③ ①約480 cm³　②約1400 cm³

④ 5 cm

⑤ 336 cm³

① ①(2×2×3.14)×5=62.8(cm³)
②4×3×7=84(cm³)
③(6×4÷2)×12=144(cm³)
④(6+12)×6÷2×10=540(cm³)

② ①底面積は、
6×6×3.14−3×3×3.14
=(36−9)×3.14=27×3.14=84.78(cm²)
体積は、84.78×5=423.9(cm³)
②底面積は、
5×14+5×(14−6)+(15−5−5)×4
=130(cm²)　体積は、130×6=780(cm³)

③ ①底面が台形の四角柱とみます。
底面積は、(8+7)×4÷2=30(cm²)
およその容積は、30×16=480(cm³)
②底面積は、8×8×3.14=200.96(cm²)
約200 cm²と考えて、およその容積は、
200×7=1400(cm³)

④ あの円柱の体積は、
(2×2×3.14)×2=25.12(cm³)
なので、いの円柱の体積は、
25.12×10=251.2(cm³)になります。
また、いの円柱の底面積は、
4×4×3.14=50.24(cm²)なので、いの円柱
の高さは、251.2÷50.24=5(cm)

⑤ 右の図のように、底面を
長方形から三角形を取り
のぞいた図形と考えます。
三角形の底辺は、
6−2=4(cm)、高さは、
8−5=3(cm)なので、
底面積は、8×6−4×3÷2=42(cm²)だから、
五角柱の体積は、42×8=336(cm³)

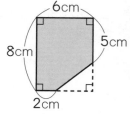

はってん

1　32 cm³

1 すい体の体積=底面積×高さ×$\frac{1}{3}$
4×4×6×$\frac{1}{3}$=32(cm³)

28

11 比とその利用

ぴったり1 準備 **72**ページ

1 (1)①4 ②3 ③4 (2)①5 ②4 ③5

2 (1)①9 ②8 ③9 ④$\frac{8}{9}$

(2)①6 ②4 ③6 ④$\frac{2}{3}$

ぴったり2 練習 **73**ページ

てびき

1 ①$\frac{8}{5}$(1.6) ②$\frac{8}{5}$(1.6) ③160

④⑦8 ④5

2 ①18：17 ②18：35 ③17：35

3 比、比の値の順に、

①1：3、$\frac{1}{3}$ ②2：9、$\frac{2}{9}$

③120：210、$\frac{4}{7}$ ④30：6、5

1 ①白のリボン 5m
赤のリボン 8m
倍 0 1 $\frac{8}{5}$ （倍）

②もとにする量は白のリボンの長さです。

③もとにする白のリボンの長さを 100 とします。

赤のリボンの長さは、$100 \times \frac{8}{5} = 160$（％）

④比は 8：5 です。

2 ②クラス全体は、35 人だから、男子 18 人とクラス全体 35 人を、記号「：」を使って表します。

③女子は 17 人、クラス全体は 35 人です。

3 比 $a：b$ の比の値は、$a \div b = \frac{a}{b}$

約分できるときは、約分して表します。

ぴったり1 準備 **74**ページ

1 ①$\frac{3}{4}$ ②$\frac{2}{5}$ ③$\frac{2}{5}$ ④$\frac{3}{4}$ ⑤12 ⑥16 ⑦6 ⑧15

2 ①4 ②20

3 ①10 ②12 ③42 ④2 ⑤7

ぴったり2 練習 **75**ページ

てびき

1 ⑦

2 ①⑦2 ④14 ⑦18

②⑦11×5 ④15 ⑦55

③⑦5 ④7 ⑦5

④⑦100÷10 ④3 ⑦10

3 ①4 ②27 ③28 ④63

1 記号「：」の右側の数の方が小さいので、㋓はちがいます。比の両方の数を2倍、3倍、5倍すると、
3：4＝6：8＝9：12＝15：20
となり、⑦の比と等しいことがわかります。

2 比の両方の数に、同じ数をかけてできる比も、同じ数でわってできる比も、もとの比と等しくなるという比の性質を使います。

3 ①2：5＝x：10 $x＝2×2＝4$ (×2)

②8：3＝72：x $x＝3×9＝27$ (×9)

③24：x＝6：7 $x＝7×4＝28$ (×4)

④x：56＝9：8 $x＝9×7＝63$ (×7)

④ ①3：5　②10：7　③2：3　④9：4

④ ①18と30の最大公約数は6だから、
　　18：30＝(18÷6)：(30÷6)＝3：5
　②見つけやすい公約数でわっていくこともできます。
　　200：140＝(200÷10)：(140÷10)
　　　　　　　＝20：14＝(20÷2)：(14÷2)
　　　　　　　＝10：7
小数や分数の比を何倍かして、整数の比になおして
から、できるだけ小さい整数の比にします。
　③1.6：2.4＝16：24＝2：3（8でわる）
　④$\frac{3}{4}$：$\frac{1}{3}$＝$\left(\frac{3}{4}×12\right)$：$\left(\frac{1}{3}×12\right)$＝9：4
通分する分母の数(最小公倍数)をかけます。

ぴったり1 準備　76ページ

1 ①5　②3　③5　④3　⑤6　⑥3　⑦6　⑧18　⑨18
2 ①x　②9　③1　④1　⑤x　⑥9　⑦18
3 ①$\frac{5}{8}$　②$\frac{5}{8}$　③25　④$\frac{3}{8}$　⑤$\frac{3}{8}$　⑥15　⑦25　⑧15

ぴったり2 練習　77ページ　　　　　　　　　てびき

1 ①3：4＝x：16
　②12 m

2 ①60個　②40個

3 マヨネーズ…96 g、トマトケチャップ…84 g

1 棒の高さ：棒のかげの長さ＝木の高さ：木のかげ
の長さの式はよく出題されます。
　②3：4＝x：16　　$x＝3×4＝12$
（×4）

2 3：2から、全体の個数を5とすると、姉の分は全
体の$\frac{3}{5}$、妹の分は全体の$\frac{2}{5}$になります。
　①$100×\frac{3}{5}＝60$　　②$100×\frac{2}{5}＝40$
妹の分は、姉の分をひいて、100－60＝40とし
ても求められます。

3 8：7から、全体の重さを15とすると、マヨネー
ズは全体の$\frac{8}{15}$、トマトケチャップは全体の$\frac{7}{15}$
になるので、それぞれの重さは、
　$180×\frac{8}{15}＝96(g)$、$180×\frac{7}{15}＝84(g)$

ぴったり3 確かめのテスト　78〜79ページ　　てびき

1 ①7：8　②7：15
2 比の値…⑦$\frac{3}{4}$　④$\frac{2}{3}$　⑦$\frac{4}{3}$　④$\frac{3}{4}$
　等しい比…⑦と④

3 ①8　②48　③35　④60

2 $a：b$の比の値 → $\frac{a}{b}$
⑦$\frac{3}{4}$　④$\frac{6}{9}＝\frac{2}{3}$　⑦$\frac{20}{15}＝\frac{4}{3}$　④$\frac{12}{16}＝\frac{3}{4}$

3 ①3：2＝12：x　　$x＝2×4＝8$
（×4）
　②6：7＝x：56　　$x＝6×8＝48$
（×8）
　③15：x＝3：7　　$x＝7×5＝35$
（×5）
　④x：72＝5：6　　$x＝5×12＝60$
（×12）

④ ①7：3　②1：6　③2：3　④9：20

④ ①42：18$\overset{(÷6)}{=}$7：3　②25：150$\overset{(÷25)}{=}$1：6

③0.32：0.48$\overset{(×100)}{=}$32：48$\overset{(÷16)}{=}$2：3

④$\frac{3}{8}$：$\frac{5}{6}$＝$\left(\frac{3}{8}×24\right)$：$\left(\frac{5}{6}×24\right)$＝9：20

⑤ 式　6：5＝18：x　　　　　答え　15人

⑤ 6：5$\overset{×3}{=}$18：x　　$x＝5×3＝15$

⑥ ①0.9：1.5＝x：10
　②6m

⑥ ①棒の長さ：棒のかげの長さ
　　＝木の高さ：木のかげの長さになるので、
　　0.9：1.5＝x：10
　②0.9：1.5＝(0.9×10)：(1.5×10)
　　　　　＝9：15＝3：5
　　　3：5$\overset{×2}{=}$$x$：10　　$x＝3×2＝6$

⑦ ①20 cm

　②55 cm

⑦ 縦＋横＝まわりの長さ÷2になります。
　150÷2＝75(cm)を4：11に分けます。
　全体の長さを15とすると、縦は全体の$\frac{4}{15}$なので、
　75×$\frac{4}{15}$＝20(cm)

　横は全体の$\frac{11}{15}$なので、75×$\frac{11}{15}$＝55(cm)

⑧ 4枚

⑧ カードの合計枚数は、10＋8＝18(枚)で、この数
　は変わりません。
　たかしさんがまさえさんにカードをわたしたあとの
　枚数の比が1：2だから、全体の枚数を3とすれば、
　カードをわたしたあとのたかしさんのカードの枚数
　は全体の$\frac{1}{3}$であり、18×$\frac{1}{3}$＝6(枚)
　たかしさんは、はじめに10枚持っていたので、
　10－6＝4(枚)まさえさんにわたしました。

⑫ 拡大図と縮図

ぴったり1　準備　80ページ

1 (1)①EF　②EF　③2　④FG　⑤GH　⑥HE　⑦1　⑧2

　(2)①E　②90　③45　(3)①2　②$\frac{1}{2}$　③縮図

ぴったり2　練習　81ページ　**てびき**

① ⑦…2倍の拡大図
　⑪…3倍の拡大図

① 右の図のように、上の頂点か
ら左に2、下に2進むと左下
の頂点、右に1、下に2進む
と右下の頂点になります。上
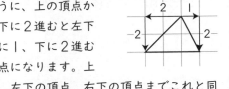
の頂点から、左下の頂点、右下の頂点までこれと同
じ比で進む三角形が拡大図になります。

② ①2：3　②角G
　③$\frac{2}{3}$　④10 cm

② ①AB：EF＝6：9＝2：3

③辺の比2：3から、⑦は⑪の$\frac{2}{3}$の縮図です。

④15×$\frac{2}{3}$＝10(cm)

1　①2　②2　③間　④2　⑤両はし

2
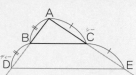

てびき

❶ ①
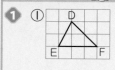
②
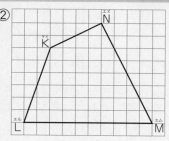

❷
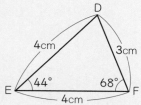

❸
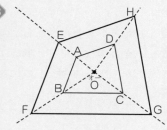

❶ ①BCが6目もりなので
　EFが3目もりになる
　ようにEFをひきます。
　次に、ABの目もりを、
　右の図のように読み
　とって、DEをひきます。

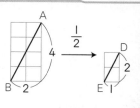

❷ 3通りのかき方があります。
　・3つの辺の長さを使います。
　・2つの辺の長さと、その間の角を使います。
　・1つの辺の長さと、その両はしの角を使います。

❸ 拡大図や縮図では、対応する直
　線の長さの比が等しくなります。
　直線OAと直線OEは対応する
　直線になっています。

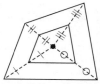

　直線OAをのばして、その直線上に、OEの長さが
　OAの長さの2倍になるように点Eをとります。
　ほかの点F、G、Hも同じようにしてとります。

1　⑴①2　②2000　③2000　④1000
　　⑵①1000　②1000　③1000　④10
　　⑶①3　②1000　③3000　④30
2　①500　②2500　③25

てびき

❶ ①3cm　②$\frac{1}{2000}$
　③⑦20m　④40m

❷ ①$\frac{1}{1000}$　②30m

❶ ①縮図で測ると、3cmになります。
　②60m(＝6000cm)が3cmで表されているから、
　　$\frac{3}{6000} = \frac{1}{2000}$
　③⑦は1cm、④は2cmです。
　　⑦1×2000＝2000(cm)→20m
　　④2×2000＝4000(cm)→40m

❷ ①40mの長さが縮図で4cmになっているから、
　　$\frac{4}{4000} = \frac{1}{1000}$
　②縮図のABの長さを測ると3cmだから、
　　3×1000＝3000(cm)→30m

❸ 約25 m

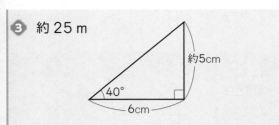

❸ 30 m の $\frac{1}{500}$ を cm で表すと、

$3000 \times \frac{1}{500} = 6$（cm）になるので、6 cm の辺の両はしの角が 40° と 90° になる三角形をかきます。縮図で鉄とうにあたる辺の長さを測ると、約5 cm になります。5 × 500 = 2500（cm）→ 25 m

---

ぴったり3 確かめのテスト 　86〜87 ページ　　　　てびき

❶ オ、カ

❶ ななめの辺の目もりの読み方にも注意して調べましょう。

❷ ①角F　②$\frac{4}{3}$ 倍

　③AC…7.5 cm（$\frac{15}{2}$ cm）、DE…8 cm

❷ ①2つの三角形で、大きさがいちばん小さい角どうしが対応します。

②辺BCと辺EFが対応します。長さの比は、

　BC：EF = 9：12 = 3：4

　EF は BC の $\frac{4}{3}$ 倍です。

③⑦は⑦の $\frac{3}{4}$ の縮図になるので、

　AC = DF × $\frac{3}{4}$ = 10 × $\frac{3}{4}$ = 7.5（cm）

また、DE = AB × $\frac{4}{3}$ = 6 × $\frac{4}{3}$ = 8（cm）

❸
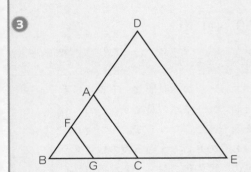

❸ 2倍の拡大図　直線BA、BCをのばして、BDの長さがBAの長さの2倍、BEの長さがBCの長さの2倍になるように点D、Eをとります。

$\frac{1}{2}$ の縮図　辺BA上に、BFの長さがBAの長さの $\frac{1}{2}$、辺BC上に、BGの長さがBCの長さの $\frac{1}{2}$ になるように点F、Gをとります。

❹ ①辺AB…2 cm、縮尺…$\frac{1}{250}$

　②2.4 cm

　③6.5 m

❹ ①実際の長さ5 m = 500 cm が、縮図の上では2 cm になっているので、縮尺は、$\frac{2}{500} = \frac{1}{250}$

②6 m = 600 cm　　600 × $\frac{1}{250}$ = 2.4

③2.6 × 250 = 650（cm）→ 6.5 m

❺ 約14 m

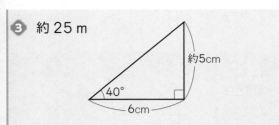

❺ 20 m の 400 分の1は、

2000 ÷ 400 = 5（cm）になるので、5 cm の辺の両はしの角が 35° と 90° になる三角形をかきます。縮図で建物の高さにあたる辺の長さを測ると、約3.5 cm になります。

3.5 × 400 = 1400（cm）→ 14 m

❻ ①2 cm　②750 m　③約30分

❻ ①1 km = 1000 m = 100000 cm、縮尺5万分の1だから、100000 ÷ 50000 = 2（cm）

③イウを測ると4 cm です。

　4 × 50000 = 200000（cm）

　200000 cm = 2000 m = 2 km

　時速4 km で歩くと、

　2 ÷ 4 = 0.5（時間）→ 30分

🏠 **おうちのかたへ** 　縮図の身近な例は地図です。地図上の長さから実際の距離を算出することができます。また、自分の足で1 km 歩くと何分かかるかなどを知っておくと、地図の見方も変わります。

⑬ 比例と反比例

1 (1)①2　②3　③y（ワイ）　④x（エックス）　⑤比例　(2)①15　②15　③15　④150
2 (1)①30　②2　③30　④30　⑤30　(2)①30　②30

てびき

1 ①⑦16　①20　⑦24
　②2倍、3倍、…になる。
　③比例している。
　④$\frac{1}{2}$倍、$\frac{1}{3}$倍になる。

1 ①⑦4×4＝16　①4×5＝20
　　⑦4×6＝24
　②②から、x の値が2倍、3倍、…になると、y の
　　値も2倍、3倍、…になることがわかるので、y
　　は x に比例しているといえます。
　④y が x に比例するとき、x の値が□倍になれば、
　　y の値も□倍になります。

2 ①⑦15　①20　⑦25　①30
　②比例している。
　③$y＝x×5$
　④90 cm

2 ②x の値が2倍、3倍、…になると、y の値も2倍、
　　3倍、…になっています。
　④$y＝x×5$ の x に18をあてはめて、
　　$y＝18×5＝90$

1 ①ア　②イ　③200　④直線
2 ①6　②25　③6　④150　⑤2.5　⑥2.5　⑦60　⑧2.5　⑨60　⑩150

てびき

1 ①⑦6
　　①12
　　⑦18
　　①24
　　①30
　②右の図
　③⑦27 L
　　①5分

y(L) ためた時間と水の量　　x(分)

1 ①水の量 $y＝3×$ ためた時間 x　で表されます。
　　3は1分間にたまる水の量です。
　②0の点を通る直線になります。
　③⑦横の軸の9のところを通る縦の線とグラフの交
　　　わる点の、縦の軸の目もりを読み取ります。
　　①縦の軸の15のところを通る横の線とグラフの
　　　交わる点の、横の軸の目もりを読み取ります。

2 600枚

2 工作用紙の重さは、枚数に比例しているので、
　　3000 g は150 g の何倍になっているかを考えま
　　す。3000÷150＝20だから、重さは20倍に
　　なっています。枚数も20倍だから、
　　30×20＝600（枚）です。また、工作用紙1枚の
　　重さを求めてから、枚数を求めてもよいです。

3 ①40 g　②$y＝8×x$　③45 cm

3 ①グラフで、$x＝5$ のとき、$y＝40$ です。
　②針金の長さが1cm増えると、針金の重さは、
　　40÷5＝8（g）増えます。
　　y は x に比例するから、$y＝8×x$
　③$360＝8×x$ より、$x＝360÷8＝45$

1 ①6　②4　③3　④2　⑤$\frac{1}{2}$　⑥$\frac{1}{3}$　⑦$\frac{1}{4}$　⑧$\frac{1}{2}$　⑨2　⑩3　⑪反比例

1
① 9 cm²
② $\frac{1}{2}$倍、$\frac{1}{3}$倍、…になる。
③ 2倍、3倍になる。
④ 反比例している。

1
① 三角形の面積＝底辺×高さ÷2
表から、底辺×高さが18になっているので、
18÷2＝9（cm²）
④ ②、③から、xの値が□倍になると、yの値は
$\frac{1}{□}$倍になっていることがわかるので、yはxに
反比例しているといえます。

2
㋐25　㋑15　㋒5　㋓12　㋔3　㋕15
㋖10
反比例しているもの…㋑

2
㋐ 残りのペンキの量は、30－使ったペンキの量
で求められます。xが5→10と2倍になるとき、
yは25→20で$\frac{1}{2}$倍になりません。
㋑ 時間＝道のり÷速さで求められます。
表のどこで見ても、xが□倍になると、
yは$\frac{1}{□}$倍になっています。
㋒ 長方形の「縦＋横」は、まわりの長さの半分にな
るから、縦＋横＝25（cm）になります。
xが5→10と2倍になるとき、yは20→15で
$\frac{1}{2}$倍になりません。

1 (1)①6　②12　③4　④12　⑤12　(2)①12　②12
(3)①12　②8　③12　④12　⑤8　⑥$\frac{3}{2}$(1.5)

2 ①イ　②エ

1
①㋐10　㋑6　㋒5　㋓3　㋔2
② 反比例している。
③ $x×y＝30(y＝30÷x)$
④ 2.5分
⑤
1分間に入れる水の量と
いっぱいになるまでの時間

2
① 21日
② $x×y＝42(y＝42÷x)$
③ 6人

1
① 30÷1分間に入れる水の量で時間を求めます。
② xが□倍になると、yは$\frac{1}{□}$倍になっています。
③ 反比例の式は、$x×y＝$きまった数　または、
$y＝$きまった数÷xになります。
④ ③の$x×y＝30$の式に、$x＝12$をあてはめると、
$12×y＝30$　　$y＝30÷12＝2.5$
⑤ 表から、($x＝1$、$y＝30$)になる点、
($x＝2$、$y＝15$)になる点、…と、8個の点をと
ります。

2
① 2人ですると、かかる日数は$\frac{1}{2}$になります。
② 3人でこの仕事をすると、かかる日数は$\frac{1}{3}$にな
ります。人数xが2倍、3倍になると、かかる
日数yは$\frac{1}{2}$倍、$\frac{1}{3}$倍となることからyはxに
反比例しているといえます。
$x＝1$のとき$y＝42$、$x＝2$のとき$y＝21$、…
より、$x×y＝42$になります。
③ $x×y＝42$に$y＝7$をあてはめると、
$x×7＝42$　　$x＝42÷7＝6$

1 比例するもの
記号…㋤、式…$y=50\times x$
反比例するもの
記号…㋑、式…$x\times y=30$（$y=30\div x$）

2 ①使ったガソリンの量 x L
②$y=12\times x$
③右の図
④15 L

ガソリンの量と走る道のり

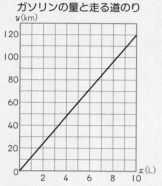

3 式　$5000\div400=12.5$
$50\times12.5=625$　　答え　625本

4 ①

時速と時間

時速 x(km)	1	2	3	6	9	18
時間 y(時間)	18	9	6	3	2	1

②反比例している。
③$x\times y=18$（$y=18\div x$）
④

時速と時間

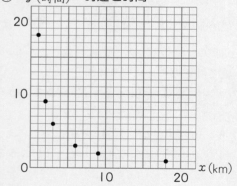

5 ①㋐
②㋐800円　㋑600円
③㋐200円　㋑150円

6 ①48日
②$x\times y=48$（$y=48\div x$）
③16人

1 式が $y=□\times x$ となるものが比例、$x\times y=○$ となるものが反比例です。㋐は $y=x\times x$、㋒は $y=200-x$ となるので、比例でも反比例でもありません。

2 ①使ったガソリンの量 x が2倍、3倍になると、道のり y も2倍、3倍になります。
②走った道のり $y=12\times$ 使ったガソリンの量 x
③グラフは、横の軸と縦の軸が交わる0の点を通る直線になります。
縦の軸の1目もりは、10 km になっていることに注意して、（$x=5$、$y=60$）の点や（$x=10$、$y=120$）の点をとって直線をひきます。
④$y=12\times x$ の y に 180 をあてはめて、
$180=12\times x$　　$x=180\div12=15$

3 5 kg は 400 g の何倍かを考えます。
kg と g なので、単位を g にします。
$5000\div400=12.5$ で、重さは 12.5 倍になっているので、本数も 12.5 倍になります。
また、1本の重さを求めて、5 kg が何本になるかを求めてもよいです。
$400\div50=8$　　$5000\div8=625$

4 ①時間＝道のり÷速さの関係があります。
道のりは 18 km で一定なので、表の y は、左から順に、
$18\div1=18$、$18\div2=9$、…、$18\div18=1$
となります。
②x の値が2倍、3倍、…になると、
y の値は $\frac{1}{2}$ 倍、$\frac{1}{3}$ 倍、…になっているから、y は x に反比例します。
③道のり＝速さ×時間です。
道のりは 18 km で、速さは時速 x km、時間が y 時間なので、
$x\times y=18$
になります。

5 ①同じ長さのリボンの値段を比べます。
②横の軸の4のところを通る縦の線とグラフの交わる点の、縦の軸の目もりを読み取ります。
③㋐…$800\div4=200$（円）
㋑…$600\div4=150$（円）

6 ①1人ですると6倍の日数がかかるので、
$8\times6=48$（日）
②y は x に反比例するので、
$x\times y=48$
③$x\times y=48$ より、$x\times3=48$
よって、$x=48\div3=16$

ぴったり1 準備 98ページ

1 (1)①12 ②16.5 ③17.1
(2)①18.8 ②18.8 ③16.7 ④17.4
(3)2020

ぴったり2 練習 99ページ 〈てびき〉

1 ①1972年…36.7℃、2022年…38.9℃
②1972年…4日、2022年…9日
③1972年…34.1℃、2022年…33.8℃
④1972年…34.4℃、2022年…34.4℃

1 ①1972年は8日の気温、2022年は2日、3日の気温です。
②1972年は8日、13日、14日、19日、2022年は1日、2日、3日、8日、9日、10日、11日、12日、16日です。
③1972年…682.4÷20=34.12 → 34.1℃
2022年…676.3÷20=33.815 → 33.8℃
④値の小さい方から数えて10番目と11番目の値の平均値を求めます。
1972年…(34.4+34.4)÷2=34.4(℃)
2022年…(34.2+34.5)÷2=34.35
→ 34.4℃

2 ①いちばん高かった気温 ②2022 ③多い
④中央値 ⑤平均値 ⑥1972 ⑦高い
⑧判断できません

2 ⑦は「大きい」、⑧は「わかりません」のような表現でもよいです。

ぴったり1 準備 100ページ

1 (1)①977 ②23 ③4 ④42 ⑤しながわ
(2)①11 ②5 ③4
(3)①11 ②20 ③40
(4)①12 ②しんじゅく ③20 ④40
(5)①42 ②40 ③60

ぴったり2 練習 101ページ 〈てびき〉

1 ① 東京23区の人口

②⑦22 ⑦40 ⑦なかの ⑪しんじゅく
(⑦と⑪は入れかわってもよい)

1 ②大きくはなれた値があるときは、データ全体の性質を正しく判断できなくなる可能性があるため、のぞいて計算する場合があります。
せたがや区をのぞいて平均値を求めると、
(977-94)万人÷22=883万人÷22
=40.1…(万人)
また、中央値は、人口が少ない方から数えて11番目のなかの区と12番目のしんじゅく区の人口の平均値になります。

② ①10点以上20点未満
②21点は中央値より大きいから。

❸ 代表値…最頻値、個数…5個

② ①合計の人数が30人なので、中央値は得点を低い
順にならべたときの15番目と16番目の得点の
平均値になります。
どちらも10点以上20点未満の階級にふくまれ
ているため、中央値もこの階級にふくまれます。
②①から、中央値は10点以上20点未満の階級
にふくまれているので、21点は中央値より大き
いです。中央値より大きい値は高い方から50％
以内に入っています。

❸ 一度に5個買う人がもっとも多く、7人います。
最頻値である5個に決めるとよいでしょう。
平均値は、92÷25＝3.68で、約3.7個、中央値
は4個ですが、4個は25人中3人しかいません。

ぴったり3 確かめのテスト 102〜103ページ　てびき

❶ 年齢別人口

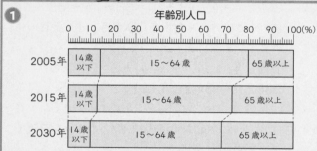

❶ 年齢順に左からならべます。

②

	最頻値	中央値	平均値
今の6年1組	22回	21回	20回
15年前の6年1組	23回	21.5回	20.8回

② 今の6年1組について、
中央値は、回数の少ない方から数えて10番目の値
で、●を数えて、21回です。
平均値は、(12+13+15+16×2+18+19
+20×2+21×2+22×3+23×2+24+26
+27)÷19＝380÷19＝20(回)
15年前の6年1組について、
中央値は、回数の少ない方から数えて10番目の
21回と11番目の22回の平均値で、
(21+22)÷2＝21.5(回)
平均値は、
(13+16+17×2+18+19×2+20
+21×2+22×3+23×4+24+25+28)÷20
＝416÷20＝20.8(回)

❸ ①約266万人　②12　③鹿児島県の156万人
④

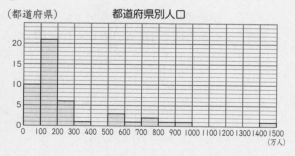

都道府県別人口

❸ ①12495÷47＝265.8…(万人)　（6が繰り返し）
②東京都から広島県までの12の都道府県です。
③47都道府県なので、中央値は人口の多い方から
数えて24番目の鹿児島県の156万人です。
④グラフの柱は左寄りに集まっています。
平均値は200万人以上300万人未満の階級に
入りますが、人口が200万人未満の県が31も
あります。
平均値はこの資料の代表値としてふさわしくあり
ません。

算数のまとめ

① ①30.5、305、3050　②27.6、2.76
② ①47個　②570個
③ ①<　②>　③=
④ ①15　②11　③4.9　④4.9　⑤46
　 ⑥$1\frac{7}{20}\left(\frac{27}{20}\right)$　⑦$\frac{11}{25}$

⑤ ①9　②7

③ 通分して比べます。
④ ①$5+3\times4-2=5+12-2=15$
　 ②$5+3\times(4-2)=5+3\times2=5+6=11$
　 ⑥$\frac{4}{5}+\frac{11}{20}=\frac{16}{20}+\frac{11}{20}=\frac{27}{20}=1\frac{7}{20}$
　 ⑦$\frac{4}{5}\times\frac{11}{20}=\frac{\overset{1}{4}\times11}{5\times\underset{5}{20}}=\frac{11}{25}$
⑤ ①$12+x=21$　　$x=21-12=9$
　 ②$x\times9=63$　　$x=63\div9=7$

① ①7　②$\frac{1}{5}$
② ①$2\frac{1}{4}$　②$\frac{18}{13}$
③ ①最小公倍数…60、最大公約数…3
　 ②最小公倍数…36、最大公約数…9
④ 0.4、$\frac{1}{2}$、0.52、$\frac{3}{5}$、$\frac{3}{4}$、$\frac{9}{10}$
⑤ ①2.1　②2.5　③117.76　④$\frac{3}{20}$
　 ⑤2
⑥ 式　$(10+14)\times x\div2$　　　　　　答え　9

③ ①15の倍数は、15、30、45、60、…
　 これらが12でわり切れるか調べます。
④ 分数は小数になおしてから比べます。
⑤ ④$\frac{11}{20}-\frac{2}{5}=\frac{11}{20}-\frac{8}{20}=\frac{3}{20}$
　 ⑤$\frac{4}{9}\div\frac{7}{15}\times2.1=\frac{4\times15\times21}{9\times7\times10}=2$
⑥ 台形の面積＝(上底＋下底)×高さ÷2
　 $(10+14)\times x\div2=108$　　$24\times x=108\times2$
　 $24\times x=216$　　$x=216\div24=9$

① ①式　$12\times8\div2=48$　　　　　答え　48 cm²
　 ②式　$(3+5)\times4\div2=16$　　　答え　16 cm²
② ①式　$15\times15\times15=3375$
　 　　　　　　　　　　　　　　答え　3375 cm³
　 ②式　$20\times12\times15-12\times5\times10=3000$
　 　　　　　　　　　　　　　　答え　3000 cm³
③ ①6　②7　③15　④16　⑤24

④ ①56.52 cm　②254.34 cm²

⑤ ①　　　　　　　　　　②

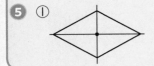
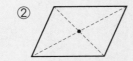

① ①三角形の面積＝底辺×高さ÷2
　 ②台形の面積＝(上底＋下底)×高さ÷2
② ①立方体の体積＝1辺×1辺×1辺
　 ②大きい直方体の体積から小さい直方体の体積をひきます。
③ 底面の形はそれぞれ三角形、五角形、八角形です。
　 面の数＝底面の辺の数＋2
　 頂点の数＝底面の辺の数×2
　 辺の数＝底面の辺の数×3
④ ①円周＝直径×3.14
　 ②円の面積＝半径×半径×3.14
⑤ ひし形は線対称な図形でも、点対称な図形でもあります。平行四辺形は点対称な図形ですが、線対称な図形ではありません。

1 ①ア、ウ、エ、オ　②ア、ウ、エ、オ
　③ウ、エ　④ア、ウ

2 ①50　②130　③145

3 ①式　7×6÷2−7×4÷2＝7　答え　7cm²
　②式　4×4×3.14÷2−2×2×3.14÷2
　　　　＝18.84　　　　　答え　18.84cm²

4 ①

　②
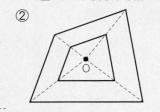

2 ①(180°−80°)÷2＝50°
　②360°−50°×2＝260°　　260°÷2＝130°
　③360°−(85°+70°+60°)＝145°

3 ①(大きい三角形の面積)−(小さい三角形の面積)
　②大きな半円は半径4cm、白い小さな半円は半径
　　2cmです。

4 ①点Oから、各頂点を通る直線をひき、点Oからの
　　長さが2倍になるように対応する点をとります。
　②点Oから各頂点を結ぶ直線をひき、そのまん中の
　　点が対応する点になります。

1 ①面DCGH
　②辺AD、辺BC、辺FG、辺EH
　③辺BC、辺FG、辺EH
　④辺AB、辺AE、辺DC、辺DH
　⑤面BFGC、面EFGH
　⑥面ABFE、面DCGH

2 1.6㎡、16000cm²

3 ①　②
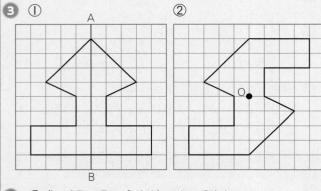

4 ①式　(5×5×3.14)×4＝314
　　　　　　　　　答え　314cm³
　②式　(8×7÷2)×15＝420　答え　420cm³

1 ③直方体の面はすべて長方形なので、辺ADと辺BC、
　　辺EHが平行です。また、辺BCと辺FGが平行
　　なので、辺ADと辺FGも平行です。
　⑤辺ADに平行な辺をふくむ面を答えます。
　⑥辺ADに垂直に交わる2本の辺をふくむ面を答え
　　ます。

2 単位をそろえます。0.8×2＝1.6(㎡)
　80×200＝16000(cm²)

3 ①対称の軸からの長さが等しくなるように、対応す
　　る点をとります。
　②対称の中心からの長さが等しくなるように、対応
　　する点をとります。

4 ①5×5×3.14×4の計算は、5×5×4を先にす
　　ると楽になります。
　　5×5×4×3.14＝100×3.14＝314

❶ ①式　11×6＝66　　　　　答え　66 cm²
　　②式　9×14÷2＝63　　　答え　63 cm²

❷ ①150°
　　②144°

❸ 12.5 cm

❹ ①72 cm³
　　②315.84 cm³

❺ ①角E　②2：3　③$\frac{3}{2}$倍(1.5倍)　④18 cm

❶ ①平行四辺形の面積＝底辺×高さ
　　②ひし形の面積＝対角線×対角線÷2

❷ ①三角形ADEは正三角形なの
　　で、右の図で、
　　角⑦＝90°−60°＝30°
　　三角形ABEはAB＝AEの
　　二等辺三角形なので、
　　角⑦＝(180°−30°)÷2＝75°
　　同じようにして、角⑨＝75°なので、
　　角⑦＝360°−(75°＋60°＋75°)＝150°

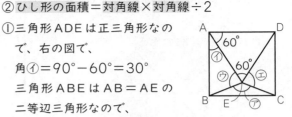

　　②十角形は、10−2＝8(個)の三角形に分けられ
　　るので、角の和は、180°×8＝1440°
　　1440°÷10＝144°

❸ 直径は、78.5÷3.14＝25(cm)なので、半径は、
　　25÷2＝12.5(cm)

❹ ①底面は台形と三角形を合わせたものなので、底面
　　積は、(3＋5)×3÷2＋4×3÷2＝18(cm²)
　　求める体積は、18×4＝72(cm³)
　　②底面は長方形から半円をのぞいたものなので、
　　底面積は、8×12−6×6×3.14÷2
　　　　　　　　＝96−56.52＝39.48(cm²)
　　求める体積は、39.48×8＝315.84(cm³)

❺ ②16：24＝2：3
　　④12×$\frac{3}{2}$＝18(cm)

❶ ①L　②kg

❷ 西川町

❸ CDの種類

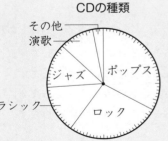

その他
演歌
ジャズ
ポップス
クラシック
ロック

❹ ①9：5　②630円

❶ ②卵1個の重さは50〜60gくらいです。

❷ 東山町…14000÷55＝254.54…
　　西川町…18000÷70＝257.14…

❸ CDの枚数の合計は24000枚です。
　　ポップス　　7920÷24000×100＝33
　　ロック　　　6480÷24000×100＝27
　　クラシック　3360÷24000×100＝14
　　ジャズ　　　3120÷24000×100＝13
　　演歌　　　　2400÷24000×100＝10
　　その他　　　　720÷24000×100＝3

❹ ①450：250＝9：5
　　　└─÷50─┘
　　②かつやさんがx円出すとすると、
　　9：5＝x：350　　x＝9×70＝630
　　　└──×70──┘

⑤ ①

針金の長さと重さ

長さ x(m)	0	1	2	3	4	5	6
重さ y(g)	0	6	12	18	24	30	36

②$y=6×x$

③
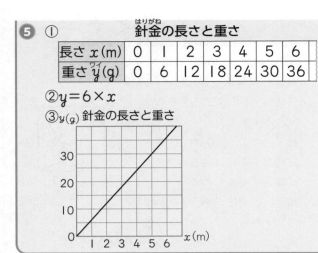

⑤ ③グラフは、$(x=0、y=0)$ を表す点と
$(x=5、y=30)$ を表す点を直線で結びます。

まとめのテスト　111 ページ　てびき

1 ①200 g　②6本

2 ①秒速 12.5 m、時速 45 km
②24 分

3 ①折れ線グラフ
②棒グラフ
③円グラフ（帯グラフ）

4 ①$x×y=120$（$y=120÷x$）
②8分

5 ①○　②△　③△　④○

1 ①$2-1.8=0.2$　　0.2 kg → 200 g
②3L＝3000 mL なので、$3000÷500=6$（本）

2 ①秒速…$750÷60=12.5$（m）
　時速…$750×60=45000$（m）→ 45（km）
②$1.8÷4.5=0.4$（時間）、$60×0.4=24$（分）

3 変化のようすは、折れ線グラフ、数量を比べるとき
は、棒グラフ、割合を示すときは、円グラフや帯グ
ラフが適しています。

4 ①表から、$x×y=120$
②$x×y=120$ の x に 15 をあてはめると、
$15×y=120$　　$y=120÷15=8$

5 ①円周の長さは、半径×2×3.14、つまり、
半径×6.28 と表せるので、比例です。
②縦の長さ×横の長さ＝24 で、反比例の式です。
③速さ×時間＝10　　反比例です。
④針金の重さ＝85×長さ　　比例です。

🐦 すじ道を立てて考えよう

プログラミングのプ　112 ページ　てびき

1 ①イ　②イ

2 ①ウ　②ウ

1 ①アのとうにある B をイのとうに移します。
②ウのとうにある A をイのとうに移します。

2 ①アのとうにある C をウのとうに移します。
②イのとうにある B をウのとうに移します。

1 ①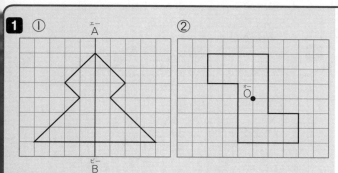
エー
A

②
B
ビー

②
・O̅ーオー

2 ①50×x ②x÷3 ③12×x+3
④x×5÷2

3 ①19 ②6.5 ③3 ④56

4 ①1$\frac{1}{2}$$\left(\frac{3}{2}\right)$ ②1$\frac{1}{5}$$\left(\frac{6}{5}\right)$ ③$\frac{5}{6}$ ④2$\frac{2}{3}$$\left(\frac{8}{3}\right)$
⑤2$\frac{1}{10}$$\left(\frac{21}{10}\right)$ ⑥$\frac{1}{4}$

5 ①1$\frac{1}{15}$L$\left(\frac{16}{15}L\right)$ ②$\frac{1}{16}$kg

6 ①11点 ②9.5点 ③9.5点
④⑦1 ④3
⑦9 ⑤2
⑦1

(人)漢字テストの点数
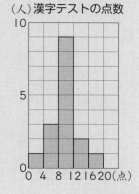
10

5

0
0 4 8 12 16 20(点)

7 ①⑦、④、⑤、⑦、⑦
②⑦、⑤、⑦
③⑦、④、⑦
④⑦
⑤⑦

---

1 ①線対称な図形では、対応する点は、対称の軸からの長さが等しくなります。
②点対称な図形では、対応する点は、対称の中心からの長さが等しくなります。

2 文字が数字だとしたら、どんな式になるかを考えます。

3 ①x+12=31　　x=31－12=19
②x－4.8=1.7　　x=1.7+4.8=6.5
③x×25=75　　x=75÷25=3
④x÷8=7　　x=7×8=56

4 ③1$\frac{5}{6}$×$\frac{5}{11}$=$\frac{11}{6}$×$\frac{5}{11}$=$\frac{5}{6}$

⑥$\frac{5}{12}$÷1$\frac{2}{3}$=$\frac{5}{12}$÷$\frac{5}{3}$=$\frac{5×3}{12×5}$=$\frac{1}{4}$

5 ①いくつ分＝全部の大きさ÷単位量あたりの大きさ
②全部の大きさ＝単位量あたりの大きさ×いくつ分

6 ②点数が低い方から8番目は9点、9番目は10点だから、(9+10)÷2=9.5(点)
③(3+5×2+7+8×2+9×2+10
　　　　+11×4+12+14+18)÷16
＝152÷16=9.5(点)
④「以上」、「未満」に注意します。たとえば、8点の2人が入る階級は、「4点以上8点未満」ではなく、「8点以上12点未満」になります。

7 下の図のようになります。

二等辺三角形
線対称

正三角形
線対称

平行四辺形
点対称

長方形
線対称
点対称

正五角形
線対称

正六角形
線対称
点対称

⑤対角線が対称の軸になるのは、この中では、正六角形だけです。

8 13

9 式　$5 \times 2 \div 3\frac{3}{4} = 2\frac{2}{3}$　答え　$2\frac{2}{3}$ cm $\left(\frac{8}{3}\text{cm}\right)$

8 配っただんごの個数は $(6 \times x)$ 個で、これに2個を
たすと80個になるので、
$6 \times x + 2 = 80$　　$6 \times x = 80 - 2$
$6 \times x = 78$　　　　$x = 78 \div 6 = 13$

9 ひし形の面積＝対角線×対角線÷2
もう1本の対角線の長さを x cm とすると、
$3\frac{3}{4} \times x \div 2 = 5$　　$3\frac{3}{4} \times x = 5 \times 2$
$x = 5 \times 2 \div 3\frac{3}{4} = 5 \times 2 \times \frac{4}{15}$
$= \frac{8}{3} = 2\frac{2}{3}$

冬 のチャレンジテスト

1 ①6通り　②10通り　③10通り

1 ①うめぼしを⑦、たらこを⑥、しゃけを①とします。

②0は十の位の数にはなりません。

③

2 ①$\frac{7}{10}$ (0.7)　②$\frac{7}{15}$　③$\frac{1}{5}$　④$\frac{1}{3}$
⑤$\frac{2}{3}$　⑥$\frac{1}{5}$ (0.2)

2 ①$0.2 + \frac{1}{2} = \frac{2}{10} + \frac{1}{2} = \frac{2}{10} + \frac{5}{10} = \frac{7}{10}$
②$0.8 - \frac{1}{3} = \frac{4}{5} - \frac{1}{3} = \frac{12}{15} - \frac{5}{15} = \frac{7}{15}$
③$\frac{1}{3} \div \frac{2}{3} \times \frac{2}{5} = \frac{1 \times 3 \times 2}{3 \times 2 \times 5} = \frac{1}{5}$
④$\frac{5}{12} \times \frac{1}{2} \div \frac{5}{8} = \frac{5 \times 1 \times 8}{12 \times 2 \times 5} = \frac{1}{3}$
⑤$\frac{1}{3} \div 0.3 \times \frac{3}{5} = \frac{1 \times 10 \times 3}{3 \times 3 \times 5} = \frac{2}{3}$
⑥$0.12 \times 0.7 \div 0.42 = \frac{12}{100} \times \frac{7}{10} \div \frac{42}{100}$
$= \frac{12 \times 7 \times 100}{100 \times 10 \times 42} = \frac{1}{5}$

3 78.5 cm²

3 直径は、$31.4 \div 3.14 = 10$(cm) で、半径は5cm
なので、面積は、$5 \times 5 \times 3.14 = 78.5$(cm²)

4 ①251.2 cm³　②120 cm³

4 円柱・角柱の体積＝底面積×高さ
①$(4 \times 4 \times 3.14) \times 5 = 251.2$(cm³)
②$(5 \times 4 \div 2) \times 12 = 120$(cm³)

5 ①3：5　②4：3

5 ①$1.5 : 2.5 = 15 : 25 = 3 : 5$
②$\frac{2}{3} : \frac{1}{2} = \left(\frac{2}{3} \times 6\right) : \left(\frac{1}{2} \times 6\right) = 4 : 3$

てびき

6 ①8 ②96 ③98 ④45

6 ①2：3＝x：12　x＝2×4＝8
（×4の矢印）

③x：42＝7：3　x＝7×14＝98
（×14の矢印）

7 60 cm

7 4＋3＝7 だから、

妹の分は全体の $\frac{3}{7}$ になります。

140×$\frac{3}{7}$＝60(cm)

8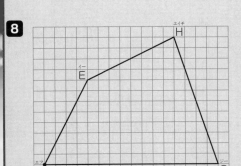

8 目もりの数を数えて辺の長さを調べます。

ななめの辺は、右の図のようにして調べます。

9 ①⑦x×y＝36(y＝36÷x)
　　①y＝200×x

②y(円)リボンの長さと値段

```
1200
1000
 800
 600
 400
 200
   0   1 2 3 4 5 6   x(m)
```

9 ①⑦は反比例で、x×y＝きまった数
　　または、y＝きまった数÷x になります。
　　①は比例で、y＝きまった数×x
　　きまった数は、y÷x の商 200 です。
②(x＝0、y＝0)を表す点と、(x＝6、y＝1200)
　を表す点を直線で結びます。

10 12 通り

10 4人をそれぞれ一、二、三、四とします。一、四と
二、三をひとまとめにした⦅二、三⦆の3つをならべ
る方法は6通りあります。このそれぞれについて、
二、三をならべる方法が2通りずつあるので、全部
で、6×2＝12(通り)です。

11 ①13.76 cm² ②14.13 cm²

11 ①色のない部分を合わせると、半径4cm の円にな
　　ります。8×8－4×4×3.14
　　　　　＝64－50.24＝13.76(cm²)
②　の部分を対角線について対称な位置に移
　　すと、半径6cm の円を4等分した形をさらに2
　　等分した形になります。
　　(6×6×3.14÷4)÷2＝28.26÷2
　　　　　　　　　　　＝14.13(cm²)

12 ①⑦ ②70枚 ③⑦

12 ①横の軸の目もりが60のところを見ると、⑦の縦
　　の軸の目もりは70、①は50なので、⑦の方が
　　速いです。
②横の軸の目もりが60のところを見ます。
③60分間に⑦は70枚、①は50枚印刷します。
　　150分では何枚印刷するかを求めると、
　　⑦70÷60×150＝175(枚)
　　①50÷60×150＝125(枚)

45

1 ①26 ②40 ③10.2 ④2.7 ⑤56.7
⑥34 ⑦$1\frac{3}{20}\left(\frac{23}{20}\right)$ ⑧$\frac{5}{24}$ ⑨$\frac{5}{14}$ ⑩$\frac{3}{5}$

2 ①25 ②$\frac{3}{4}$(0.75)

3 ①5.9点 ②5点 ③6点

4 ①
男子の体重

体重(kg)	人数(人)
以上　未満 25 ～ 30	2
30 ～ 35	4
35 ～ 40	7
40 ～ 45	1
45 ～ 50	2
合計	16

②
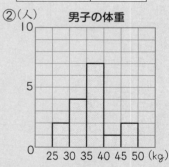
(人) 男子の体重

5 ①65° ②125°

1 ①×、÷の計算は＋、－の計算より先にします。
$8+6×3=8+18=26$
②( )の中の計算を先にします。
$12×(5-2)+4=12×3+4=36+4=40$
⑧$\frac{7}{12}-\frac{3}{8}=\frac{14}{24}-\frac{9}{24}=\frac{5}{24}$
⑩$\frac{1}{4}÷\frac{5}{12}=\frac{1×\overset{3}{\cancel{12}}}{\underset{1}{\cancel{4}}×5}=\frac{3}{5}$

2 ①$x+18=43$　　$x=43-18=25$
②$12×x=9$　　$x=9÷12=\frac{9}{12}=\frac{3}{4}$

3 データをドットプロットに表すとよいです。
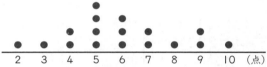
2　3　4　5　6　7　8　9　10 （点）
①$(2+3+4×2+5×4+6×3+7×2+8$
$+9×2+10)÷17=101÷17=5.94…$
②もっとも多く現れた値は、●が4個の5点です。
③データの数が17なので、中央値は小さい順にならべたときの9番目の値です。左から●を数えていくと、9番目の●は6点の上にあります。

4 人数を調べるときは注意しましょう。人数をまちがえると、②のグラフもまちがってしまいます。
①データの35kgは、「30～35」(30kg以上35kg未満)の階級ではなく、「35～40」(35kg以上40kg未満)の階級に入ります。
②柱(長方形)は、間をあけずにつなげてかきます。棒グラフとはちがいます。

5 ①105°のとなりの角は、180°-105°=75°です。
⑦の角の大きさは、
$180°-(40°+75°)=65°$
また、⑦+40°=105°という関係があります。
②四角形の4つの角の大きさの和は360°です。
$360°-(85°+60°+90°)=125°$

6 ①18 cm² ②9.12 cm²

6 ①(3+6)×4÷2＝18(cm²)
②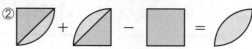

……… の和は円の面積の半分に等しいので、求め
る面積は、
(4×4×3.14)÷2−4×4＝9.12(cm²)

7 2.1 m³、2100000 cm³

7 長さの単位を m にそろえると、
(2×3÷2)×0.7＝2.1(m³)
cm にそろえると、
(200×300÷2)×70＝2100000(cm³)
また、1 m³＝1000000 cm³ です。

8 姉…105 cm、妹…75 cm

8

```
|←――――180cm――――→|
├┬┬┬┬┬┬┬┼┬┬┬┬┬┤
  ├―――姉7―――┤├――妹5――┤
```

7：5のとき、全体の長さは7+5＝12 で表すこ
とができます。
姉のリボンの長さを x cm とすると、
7：12＝x：180　　x＝7×15＝105
（×15）
姉のリボンの長さは、105 cm
妹のリボンの長さは、180−105＝75(cm)

9 ①反比例する。式… x×y＝2000
　　　　　　　　　　（y＝2000÷x）
②比例する。式… y＝70×x

9 ①きまった道のりを行くのに、
　速さを2倍、3倍、…にすると、
　かかる時間は $\frac{1}{2}$ 倍、$\frac{1}{3}$ 倍、…になります。
　　　　　　　　　　　　　　　　（反比例）
　道のり＝速さ×時間の関係にあてはめると、
　x×y＝2000 となります。
　また、時間＝道のり÷速さにあてはめると、
　y＝2000÷x
②きまった速さで歩くので、
　歩く時間を2倍、3倍、…にすると、
　進む道のりは2倍、3倍、…になります。（比例）
　道のり＝速さ×時間の関係にあてはめると、
　y＝70×x

10 ①15分
②15分以上20分未満
③10分以上15分未満
④15分以上20分未満
⑤20％

10 ①450÷30＝15(分)
②15分は、15分未満ではないので、入る階級は
　15分以上20分未満です。
③10分未満までで、2+5＝7(人)
　次の10分以上15分未満に7人いるので10番
　目はこの階級に入ります。
④合計が30なので、中央値は短い方から順になら
　べたときの15番目と16番目の値の平均値です。
　15分未満までで、2+5+7＝14(人)
　次の15分以上20分未満に10人いるので、
　15番目も16番目もこの階級に入ります。
⑤通学時間が20分以上の人は、4+2＝6(人)
　6÷30×100＝20(%)

1 ① $\dfrac{14}{15}$　② $\dfrac{2}{3}$　③ $\dfrac{9}{5}\left(1\dfrac{4}{5}\right)$

④2　⑤ $\dfrac{4}{7}$　⑥ $\dfrac{9}{25}$

2 ①1　②1.2　③3.6

3 え

4 25.12 cm²

5 ①式　6×4÷2×12＝144

答え　144 cm³

②式　5×5×3.14÷2×16＝628

または、5×5×3.14×16÷2＝628

答え　628 cm³

6 線対称…あ、い　　点対称…あ、え

7 い、え

8 ① $y＝36÷x$　②いえます（いえる）

9 ①角E　②4.5 cm

10 6通り

11 ①中央値…5冊

最頻値…5冊

②5冊

③右のグラフ

④6冊以上8冊未満

⑤4冊以上6冊未満

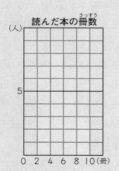

読んだ本の冊数
(人)
5
0 2 4 6 8 10(冊)

12 ① $y＝12×x$　②900 L

③300000 cm³　④50 cm

⑤(例)浴そうに水を200 Lためて
シャワーを1人15分間使うと、
200＋12×15×5＝1100(L)、
浴そうに水をためずにシャワー
を1人20分間使うと、
12×20×5＝1200(L)
になるので、浴そうに水をためて
使うほうが水の節約になるから。

2 x の値が5のときの y の値が3だから、きまった数は
3÷5＝0.6　式は $y＝0.6×x$ です。

4 右の図の①の部分と、②の部分は同じ
形です。だから、求める面積は、直径
8 cm の円の半分と同じです。
4×4×3.14÷2＝25.12(cm²)

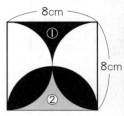

5 どちらも「底面積×高さ」で求めます。

①の立体は、底面が底辺6 cm、高さ4 cm の三角形で、高
さが12 cm の三角柱です。

②の立体は、底面が直径10 cm の円の半分で、高さが
16 cm の立体です。また、②は底面が直径10 cm の円、
高さが16 cm の円柱の半分と考えて、
「5×5×3.14×16÷2」でも正解です。

6 1つの直線を折り目にして折ったとき、両側の部分がぴった
り重なる図形が線対称な図形です。また、ある点のまわりに
180°まわすと、もとの形にぴったり重なる図形が点対称な
図形です。

7 いは6で、えは7でわると2：3になります。

8 ① 横＝面積÷縦　$x×y＝36$ としても正解です。
②①の式は、$y＝$きまった数$÷x$　だから、x と y は反比
例しているといえます。

9 ②形の同じ2つの図形では、対応する辺の長さの比はすべて
等しくなります。辺ABと辺DBの長さの比は2：6で、
簡単にすると1：3です。辺ACと辺DEの長さの比も
1：3だから、1：3＝1.5：□として求めます。

10 赤―青、赤―黄、赤―緑、青―黄、青―緑、黄―緑の6通り
です。
例えば、右のようにして
考えます。
赤⟨青/黄/緑　青⟨黄/緑　黄―緑

11 ①ドットプロットから、クラスの人数は25人とわかります。
中央値は、上から13番目の本の冊数です。
②平均値は、125÷25＝5(冊)になります。
③ドットプロットから、2冊以上4冊未満の人数は7人、4
冊以上6冊未満の人数は8人、6冊以上8冊未満の人数は
7人、8冊以上10冊未満の人数は3人です。
④8冊以上10冊未満の人数は3人、6冊以上8冊未満の人
数は7人だから、本の冊数が多いほうから数えて10番目
の児童は、6冊以上8冊未満の階級に入っています。
⑤5冊は4冊以上6冊未満の階級に入ります。

12 ① $12×x＝y$ としても正解です。
⑤それぞれの場合の水の使用量を求め、比かくした上で「水
をためて使うほうが水の節約になる」ということが書けて
いれば正解とします。

計算せんもんドリル

6年

6年　　組：

特色と使い方

● このドリルは、計算力を付けるための計算問題をせんもんにあつかったドリルです。

● 教科書ぴったりトレーニングに、このドリルの何ページをすればよいのかが書いてあります。教科書ぴったりトレーニングにあわせてお使いください。

教科書ぴったり
トレーニングの
ここを見てね

😺 もくじ 😺

🏠 おうちのかたへ

・お子さまがお使いの教科書や学校の学習状況により、ドリルのページが前後したり、学習されていない問題が含まれている場合がございます。お子さまの学習状況に応じてお使いください。

・お子さまがお使いの教科書により、教科書ぴったりトレーニングと対応していないページがある場合がございますが、お子さまの興味・関心に応じてお使いください。

1 分数 × 整数 ①

1 次の計算をしましょう。

① $\dfrac{1}{6} \times 5$

② $\dfrac{2}{9} \times 4$

③ $\dfrac{3}{4} \times 9$

④ $\dfrac{4}{5} \times 4$

⑤ $\dfrac{2}{3} \times 2$

⑥ $\dfrac{3}{7} \times 6$

2 次の計算をしましょう。

① $\dfrac{3}{8} \times 2$

② $\dfrac{7}{6} \times 3$

③ $\dfrac{5}{12} \times 8$

④ $\dfrac{10}{9} \times 6$

⑤ $\dfrac{1}{8} \times 8$

⑥ $\dfrac{4}{3} \times 6$

2 分数 × 整数 ②

1 次の計算をしましょう。

月　日

① $\dfrac{2}{7} \times 3$

② $\dfrac{1}{2} \times 9$

③ $\dfrac{3}{8} \times 7$

④ $\dfrac{5}{4} \times 3$

⑤ $\dfrac{6}{5} \times 2$

⑥ $\dfrac{2}{3} \times 8$

2 次の計算をしましょう。

月　日

① $\dfrac{1}{4} \times 2$

② $\dfrac{5}{12} \times 3$

③ $\dfrac{1}{12} \times 10$

④ $\dfrac{5}{8} \times 6$

⑤ $\dfrac{1}{3} \times 6$

⑥ $\dfrac{5}{4} \times 12$

★ できた問題には、
「た」をかこう！

でき 1 ○ でき 2 ○

1 次の計算をしましょう。

月　　日

① $\dfrac{8}{7} \div 9$

② $\dfrac{6}{5} \div 7$

③ $\dfrac{4}{3} \div 5$

④ $\dfrac{10}{3} \div 2$

⑤ $\dfrac{9}{8} \div 3$

⑥ $\dfrac{3}{2} \div 3$

2 次の計算をしましょう。

月　　日

① $\dfrac{2}{9} \div 6$

② $\dfrac{3}{5} \div 12$

③ $\dfrac{2}{3} \div 4$

④ $\dfrac{9}{10} \div 6$

⑤ $\dfrac{6}{7} \div 4$

⑥ $\dfrac{9}{4} \div 12$

1 次の計算をしましょう。

月　　日

① $\dfrac{5}{6} \div 8$

② $\dfrac{3}{8} \div 2$

③ $\dfrac{2}{3} \div 9$

④ $\dfrac{6}{5} \div 6$

⑤ $\dfrac{9}{10} \div 3$

⑥ $\dfrac{15}{2} \div 5$

2 次の計算をしましょう。

月　　日

① $\dfrac{3}{2} \div 9$

② $\dfrac{2}{7} \div 10$

③ $\dfrac{4}{3} \div 12$

④ $\dfrac{6}{5} \div 10$

⑤ $\dfrac{9}{4} \div 6$

⑥ $\dfrac{8}{5} \div 6$

5 分数のかけ算①

1 次の計算をしましょう。

月　　日

① $\dfrac{1}{5} \times \dfrac{1}{6}$

② $\dfrac{2}{3} \times \dfrac{2}{5}$

③ $\dfrac{3}{5} \times \dfrac{2}{9}$

④ $\dfrac{3}{7} \times \dfrac{5}{6}$

⑤ $\dfrac{14}{9} \times \dfrac{12}{7}$

⑥ $\dfrac{5}{2} \times \dfrac{6}{5}$

2 次の計算をしましょう。

月　　日

① $1\dfrac{1}{3} \times \dfrac{2}{5}$

② $1\dfrac{1}{8} \times 1\dfrac{1}{6}$

③ $\dfrac{8}{15} \times 2\dfrac{1}{2}$

④ $1\dfrac{3}{7} \times 1\dfrac{13}{15}$

⑤ $6 \times \dfrac{2}{7}$

⑥ $4 \times 2\dfrac{1}{4}$

6 分数のかけ算②

1 次の計算をしましょう。　　　　　　　　　　　　月　　日

① $\dfrac{1}{2} \times \dfrac{1}{7}$

② $\dfrac{6}{5} \times \dfrac{6}{7}$

③ $\dfrac{4}{5} \times \dfrac{3}{8}$

④ $\dfrac{5}{8} \times \dfrac{4}{3}$

⑤ $\dfrac{7}{8} \times \dfrac{2}{7}$

⑥ $\dfrac{14}{9} \times \dfrac{3}{16}$

2 次の計算をしましょう。　　　　　　　　　　　　月　　日

① $\dfrac{6}{7} \times 1\dfrac{3}{5}$

② $1\dfrac{2}{5} \times 1\dfrac{7}{8}$

③ $2\dfrac{1}{4} \times \dfrac{8}{15}$

④ $2\dfrac{1}{3} \times 1\dfrac{1}{14}$

⑤ $1\dfrac{1}{8} \times 1\dfrac{7}{9}$

⑥ $4 \times \dfrac{5}{6}$

7 分数のかけ算③

★ できた問題には、
「た」をかこう！
でき 1
でき 2

1 次の計算をしましょう。

① $\dfrac{1}{4} \times \dfrac{1}{3}$

② $\dfrac{5}{6} \times \dfrac{5}{7}$

③ $\dfrac{2}{7} \times \dfrac{3}{8}$

④ $\dfrac{3}{4} \times \dfrac{8}{9}$

⑤ $\dfrac{7}{5} \times \dfrac{15}{7}$

⑥ $\dfrac{8}{3} \times \dfrac{9}{4}$

月　　日

2 次の計算をしましょう。

① $2\dfrac{1}{3} \times \dfrac{5}{6}$

② $\dfrac{4}{7} \times 2\dfrac{3}{4}$

③ $1\dfrac{1}{10} \times 1\dfrac{4}{11}$

④ $1\dfrac{1}{4} \times 1\dfrac{3}{5}$

⑤ $7 \times \dfrac{3}{5}$

⑥ $8 \times 2\dfrac{1}{2}$

月　　日

8 分数のかけ算④

1 次の計算をしましょう。

月　日

① $\dfrac{1}{3} \times \dfrac{1}{2}$

② $\dfrac{2}{7} \times \dfrac{3}{7}$

③ $\dfrac{5}{6} \times \dfrac{3}{8}$

④ $\dfrac{2}{5} \times \dfrac{5}{8}$

⑤ $\dfrac{9}{2} \times \dfrac{8}{3}$

⑥ $\dfrac{14}{3} \times \dfrac{9}{7}$

2 次の計算をしましょう。

月　日

① $\dfrac{3}{7} \times 1\dfrac{4}{5}$

② $1\dfrac{3}{8} \times 1\dfrac{2}{11}$

③ $3\dfrac{3}{4} \times \dfrac{8}{25}$

④ $1\dfrac{1}{2} \times 1\dfrac{1}{9}$

⑤ $2\dfrac{1}{4} \times 1\dfrac{7}{9}$

⑥ $6 \times \dfrac{5}{4}$

9　3つの数の分数のかけ算

1 次の計算をしましょう。　　　　　　　　　　　月　　　日

① $\dfrac{4}{3} \times \dfrac{5}{4} \times \dfrac{2}{7}$

② $\dfrac{8}{5} \times \dfrac{7}{8} \times \dfrac{7}{9}$

③ $\dfrac{2}{5} \times \dfrac{7}{3} \times \dfrac{5}{8}$

④ $\dfrac{1}{3} \times \dfrac{14}{5} \times \dfrac{6}{7}$

⑤ $\dfrac{7}{6} \times \dfrac{5}{3} \times \dfrac{9}{14}$

⑥ $\dfrac{5}{4} \times \dfrac{6}{7} \times \dfrac{8}{15}$

2 次の計算をしましょう。　　　　　　　　　　　月　　　日

① $\dfrac{5}{11} \times \dfrac{5}{12} \times 2\dfrac{3}{4}$

② $\dfrac{5}{7} \times \dfrac{1}{6} \times 1\dfrac{4}{5}$

③ $\dfrac{3}{7} \times 3\dfrac{1}{2} \times \dfrac{6}{11}$

④ $\dfrac{8}{9} \times 1\dfrac{1}{4} \times \dfrac{3}{10}$

⑤ $2\dfrac{2}{3} \times \dfrac{3}{4} \times \dfrac{7}{12}$

⑥ $3\dfrac{3}{4} \times \dfrac{5}{6} \times \dfrac{4}{5}$

10 計算のきまり

1 計算のきまりを使って、くふうして計算しましょう。

月　日

① $\left(\dfrac{1}{5} \times \dfrac{2}{7}\right) \times \dfrac{7}{2}$

② $\dfrac{35}{8} \times \left(\dfrac{1}{5} + \dfrac{3}{7}\right)$

③ $\left(\dfrac{1}{3} + \dfrac{1}{4}\right) \times \dfrac{12}{5}$

④ $\left(\dfrac{1}{2} - \dfrac{4}{9}\right) \times \dfrac{18}{5}$

⑤ $\dfrac{1}{4} \times \dfrac{10}{9} + \dfrac{1}{5} \times \dfrac{10}{9}$

⑥ $\dfrac{3}{5} \times \dfrac{5}{11} - \dfrac{2}{7} \times \dfrac{5}{11}$

11 分数のわり算①

1 次の計算をしましょう。 月　　日

① $\dfrac{3}{4} \div \dfrac{1}{5}$

② $\dfrac{7}{5} \div \dfrac{3}{4}$

③ $\dfrac{8}{5} \div \dfrac{7}{10}$

④ $\dfrac{3}{4} \div \dfrac{9}{5}$

⑤ $\dfrac{5}{3} \div \dfrac{10}{9}$

⑥ $\dfrac{5}{6} \div \dfrac{15}{2}$

2 次の計算をしましょう。 月　　日

① $1\dfrac{1}{9} \div \dfrac{3}{7}$

② $\dfrac{7}{8} \div 3\dfrac{1}{2}$

③ $2\dfrac{1}{2} \div 1\dfrac{1}{3}$

④ $1\dfrac{2}{5} \div 2\dfrac{3}{5}$

⑤ $8 \div \dfrac{1}{2}$

⑥ $\dfrac{7}{6} \div 14$

12 分数のわり算②

1 次の計算をしましょう。 月　日

① $\dfrac{5}{4} \div \dfrac{3}{7}$

② $\dfrac{7}{3} \div \dfrac{1}{9}$

③ $\dfrac{7}{2} \div \dfrac{5}{8}$

④ $\dfrac{4}{5} \div \dfrac{8}{9}$

⑤ $\dfrac{5}{9} \div \dfrac{20}{3}$

⑥ $\dfrac{3}{7} \div \dfrac{9}{14}$

2 次の計算をしましょう。 月　日

① $4\dfrac{2}{3} \div \dfrac{7}{9}$

② $\dfrac{8}{9} \div 1\dfrac{1}{2}$

③ $1\dfrac{1}{3} \div 1\dfrac{4}{5}$

④ $2\dfrac{2}{9} \div 3\dfrac{1}{3}$

⑤ $7 \div 4\dfrac{1}{2}$

⑥ $\dfrac{9}{8} \div 2$

13 分数のわり算③

1 次の計算をしましょう。　　　　　　　　　　　　　　月　　日

① $\dfrac{2}{3} \div \dfrac{1}{4}$

② $\dfrac{3}{2} \div \dfrac{8}{3}$

③ $\dfrac{9}{4} \div \dfrac{5}{8}$

④ $\dfrac{7}{9} \div \dfrac{4}{3}$

⑤ $\dfrac{8}{7} \div \dfrac{12}{7}$

⑥ $\dfrac{5}{6} \div \dfrac{10}{9}$

2 次の計算をしましょう。　　　　　　　　　　　　　　月　　日

① $1\dfrac{2}{5} \div \dfrac{3}{4}$

② $\dfrac{9}{10} \div 3\dfrac{3}{5}$

③ $3\dfrac{1}{2} \div 1\dfrac{3}{10}$

④ $1\dfrac{7}{8} \div 2\dfrac{1}{2}$

⑤ $6 \div \dfrac{1}{5}$

⑥ $\dfrac{3}{4} \div 5$

14 分数のわり算④

1 次の計算をしましょう。　　　　　　　　　　　　　月　　　日

① $\dfrac{8}{3} \div \dfrac{7}{10}$

② $\dfrac{4}{3} \div \dfrac{1}{6}$

③ $\dfrac{7}{4} \div \dfrac{5}{8}$

④ $\dfrac{6}{5} \div \dfrac{9}{7}$

⑤ $\dfrac{3}{8} \div \dfrac{9}{2}$

⑥ $\dfrac{7}{9} \div \dfrac{7}{6}$

2 次の計算をしましょう。　　　　　　　　　　　　　月　　　日

① $4\dfrac{1}{4} \div \dfrac{5}{8}$

② $\dfrac{4}{5} \div 1\dfrac{2}{3}$

③ $1\dfrac{1}{7} \div 1\dfrac{1}{5}$

④ $3\dfrac{3}{4} \div 4\dfrac{3}{8}$

⑤ $5 \div \dfrac{10}{3}$

⑥ $5\dfrac{1}{3} \div 3$

15 分数と小数のかけ算と わり算

1 次の計算をしましょう。

① $0.3 \times \dfrac{1}{7}$

② $2.5 \times 1\dfrac{3}{5}$

③ $\dfrac{5}{12} \times 0.8$

④ $1\dfrac{1}{6} \times 1.2$

2 次の計算をしましょう。

① $0.9 \div \dfrac{5}{6}$

② $1.6 \div \dfrac{2}{3}$

③ $\dfrac{3}{4} \div 0.2$

④ $1\dfrac{1}{5} \div 1.2$

1 次の計算をしましょう。

月　日

① $\dfrac{1}{2} \times \dfrac{9}{2} \div \dfrac{3}{10}$

② $\dfrac{7}{3} \times \dfrac{5}{9} \div \dfrac{10}{3}$

③ $\dfrac{1}{4} \times \dfrac{6}{5} \div \dfrac{9}{5}$

④ $\dfrac{3}{5} \div \dfrac{1}{3} \times \dfrac{6}{7}$

⑤ $\dfrac{2}{3} \div \dfrac{8}{9} \times \dfrac{3}{4}$

⑥ $\dfrac{8}{5} \div \dfrac{2}{3} \times 5$

⑦ $\dfrac{5}{9} \div \dfrac{5}{6} \div \dfrac{3}{7}$

⑧ $\dfrac{8}{7} \div \dfrac{4}{3} \div \dfrac{6}{5}$

1 次の計算をしましょう。

| 月 | 日 |

① $\dfrac{9}{4} \times \dfrac{5}{2} \div \dfrac{7}{8}$

② $\dfrac{5}{3} \times \dfrac{2}{7} \div \dfrac{10}{21}$

③ $\dfrac{3}{8} \div \dfrac{5}{6} \times \dfrac{2}{9}$

④ $\dfrac{4}{5} \div 3 \times \dfrac{9}{8}$

⑤ $\dfrac{2}{3} \div \dfrac{8}{7} \div \dfrac{2}{9}$

⑥ $\dfrac{3}{4} \div \dfrac{9}{5} \div \dfrac{5}{8}$

⑦ $\dfrac{4}{5} \div \dfrac{8}{7} \div \dfrac{14}{15}$

⑧ $\dfrac{5}{6} \div \dfrac{1}{9} \div 6$

18 かけ算とわり算の まじった式①

★ できた問題には、
「た」をかこう!

でき

1

1 次の計算をしましょう。

月　　日

① $\dfrac{8}{5} \times \dfrac{3}{4} \div 0.6$

② $\dfrac{8}{7} \div \dfrac{5}{6} \times 0.5$

③ $\dfrac{5}{4} \div 0.8 \times \dfrac{8}{15}$

④ $\dfrac{4}{3} \div 0.6 \div \dfrac{8}{9}$

⑤ $0.5 \times \dfrac{4}{3} \div 0.08$

⑥ $0.9 \div \dfrac{3}{8} \times 1.2$

⑦ $0.9 \div 3.9 \times 5.2$

⑧ $0.15 \times 15 \div \dfrac{5}{8}$

1 次の計算をしましょう。

月　　日

① $0.2 \times \dfrac{10}{9} \div 6$

② $0.4 \times \dfrac{4}{5} \div 1.6$

③ $\dfrac{2}{3} \times 0.8 \div 8$

④ $\dfrac{1}{3} \div 1.4 \times 6$

⑤ $5 \div 0.5 \times \dfrac{3}{4}$

⑥ $2 \times \dfrac{7}{9} \times 0.81$

⑦ $0.8 \times 0.4 \div 0.06$

⑧ $\dfrac{6}{5} \div 4 \div 0.9$

20 整数のたし算とひき算

1 次の計算をしましょう。　　　　　　　　　　　月　　日

① 23+58　　② 79+84　　③ 73+134　　④ 415+569

⑤ 314+298　　⑥ 788+497　　⑦ 1710+472　　⑧ 2459+1268

2 次の計算をしましょう。　　　　　　　　　　　月　　日

① 92−45　　② 118−52　　③ 813−522　　④ 412−268

⑤ 431−342　　⑥ 1000−478　　⑦ 1870−984　　⑧ 2241−1736

21 整数のかけ算

1 次の計算をしましょう。

月　　日

① 45×2　　　② 29×7　　　③ 382×9　　　④ 708×5

⑤ 39×41　　　⑥ 54×28　　　⑦ 78×82　　　⑧ 32×45

2 次の計算をしましょう。

月　　日

① 257×53　　② 301×49　　③ 83×265　　④ 674×137

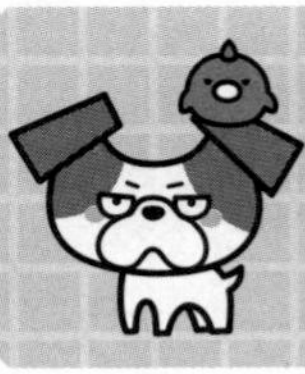

6年間の計算のまとめ

22 整数のわり算

★できた問題には、「た」をかこう！

できた 1　できた 2

1 次の計算をしましょう。　　　　月　　日

① 78÷6　② 92÷4　③ 162÷3　④ 492÷2

⑤ 68÷17　⑥ 152÷19　⑦ 406÷29　⑧ 5456÷16

2 商を一の位まで求め、あまりも出しましょう。　　　　月　　日

① 84÷5　② 906÷53　③ 956÷29　④ 2418÷95

小数のたし算とひき算

1 次の計算をしましょう。　　　　　　　　　　月　　日

① 4.3＋3.5　　② 2.8＋0.3　　③ 7.2＋4.9　　④ 16＋0.5

⑤ 0.93＋0.69　⑥ 2.75＋0.89　⑦ 2.4＋0.08　⑧ 61.8＋0.94

2 次の計算をしましょう。　　　　　　　　　　月　　日

① 3.7－1.2　　② 7.4－4.5　　③ 11.7－3.6　　④ 4－2.4

⑤ 0.43－0.17　⑥ 2.56－1.94　⑦ 5.7－0.68　⑧ 3－0.09

24 小数のかけ算

1 次の計算をしましょう。　　　　　　　　　月　　日

① 3.2×8　　② 0.27×2　　③ 9.4×66　　④ 7.18×15

2 次の計算をしましょう。　　　　　　　　　月　　日

① 12×6.7　　② 7.3×0.8　　③ 2.8×8.2　　④ 3.6×2.5

⑤ 9.08×4.8　　⑥ 3.4×0.04　　⑦ 0.65×0.77　　⑧ 13.4×0.56

25 小数のわり算

1 次の計算をしましょう。　　　　　　　　　　　月　　　日

① 6.5÷5　　② 42÷0.7　　③ 39.2÷0.8　　④ 37.1÷5.3

⑤ 50.7÷0.78　⑥ 8.37÷2.7　⑦ 19.32÷6.9　⑧ 6.86÷0.98

2 商を $\frac{1}{10}$ の位まで求め、あまりも出しましょう。　　月　　　日

① 6.8÷3　　② 2.7÷1.6　　③ 5.9÷0.15　　④ 32.98÷4.3

26 わり進むわり算

1 次のわり算を、わり切れるまで計算しましょう。

月　日

① 5.1÷6　　② 11.7÷15　　③ 13÷4　　④ 21÷24

2 次のわり算を、わり切れるまで計算しましょう。

月　日

① 2.3÷0.4　　② 2.09÷0.5　　③ 3.3÷2.5　　④ 9.36÷4.8

⑤ 1.96÷0.35　　⑥ 4.5÷0.72　　⑦ 72.8÷20.8　　⑧ 3.85÷3.08

27 商をがい数で表すわり算

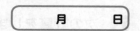

1 商を四捨五入して、$\dfrac{1}{10}$ の位までのがい数で求めましょう。

月　　日

① 9.9÷49　　② 4.9÷5.7　　③ 5.06÷7.9　　④ 1.92÷0.28

2 商を四捨五入して、上から2けたのがい数で求めましょう。

月　　日

① 26÷9　　② 12.9÷8.3　　③ 8÷0.97　　④ 5.91÷4.2

28 分数のたし算とひき算

★ できた問題には、「た」をかこう！
でき 1　でき 2

1 次の計算をしましょう。　　　　月　　日

① $\dfrac{4}{7}+\dfrac{1}{7}$

② $\dfrac{2}{3}+\dfrac{3}{8}$

③ $\dfrac{1}{5}+\dfrac{7}{15}$

④ $1\dfrac{3}{10}+\dfrac{7}{8}$

⑤ $\dfrac{5}{6}+3\dfrac{1}{2}$

⑥ $1\dfrac{5}{7}+1\dfrac{11}{14}$

2 次の計算をしましょう。　　　　月　　日

① $\dfrac{3}{5}-\dfrac{2}{5}$

② $\dfrac{4}{5}-\dfrac{3}{10}$

③ $\dfrac{5}{6}-\dfrac{3}{10}$

④ $\dfrac{34}{21}-\dfrac{11}{14}$

⑤ $1\dfrac{1}{12}-\dfrac{3}{8}$

⑥ $2\dfrac{3}{5}-1\dfrac{2}{3}$

29 分数のかけ算

★ できた問題には、
「た」をかこう！

😊 でき 1 ◯　😊 でき 2 ◯

1 次の計算をしましょう。　　　　　　　　　　月　　　日

① $\dfrac{3}{7} \times 4$

② $9 \times \dfrac{5}{6}$

③ $\dfrac{2}{5} \times \dfrac{4}{3}$

④ $\dfrac{3}{4} \times \dfrac{5}{9}$

⑤ $\dfrac{2}{3} \times \dfrac{9}{8}$

⑥ $\dfrac{7}{5} \times \dfrac{10}{7}$

2 次の計算をしましょう。　　　　　　　　　　月　　　日

① $\dfrac{4}{5} \times 1\dfrac{2}{3}$

② $1\dfrac{1}{8} \times \dfrac{2}{3}$

③ $1\dfrac{1}{2} \times 1\dfrac{5}{9}$

④ $1\dfrac{1}{9} \times 1\dfrac{7}{8}$

⑤ $1\dfrac{2}{5} \times 1\dfrac{3}{7}$

⑥ $2\dfrac{1}{4} \times 1\dfrac{1}{3}$

30 分数のわり算

★ できた問題には、
「た」をかこう！

1 でき 2 でき

1 次の計算をしましょう。

月　　日

①　$\dfrac{3}{4} \div 5$

②　$7 \div \dfrac{5}{8}$

③　$\dfrac{2}{5} \div \dfrac{6}{7}$

④　$\dfrac{5}{6} \div \dfrac{10}{9}$

⑤　$\dfrac{10}{7} \div \dfrac{5}{14}$

⑥　$\dfrac{8}{3} \div \dfrac{4}{9}$

2 次の計算をしましょう。

月　　日

①　$\dfrac{4}{9} \div 3\dfrac{1}{3}$

②　$1\dfrac{3}{5} \div \dfrac{4}{5}$

③　$2\dfrac{2}{3} \div 1\dfrac{2}{3}$

④　$2\dfrac{1}{2} \div 1\dfrac{7}{8}$

⑤　$1\dfrac{1}{3} \div 1\dfrac{7}{9}$

⑥　$1\dfrac{3}{5} \div 2$

31 分数のかけ算とわり算の まじった式

★ できた問題には、 「た」をかこう！ でき 1

1 次の計算をしましょう。

① $\dfrac{3}{2} \times \dfrac{5}{9} \times \dfrac{4}{5}$

② $5 \times \dfrac{2}{15} \times 4\dfrac{1}{2}$

③ $\dfrac{8}{7} \times \dfrac{5}{16} \div \dfrac{5}{6}$

④ $\dfrac{5}{6} \times 4\dfrac{1}{2} \div \dfrac{5}{7}$

⑤ $\dfrac{5}{8} \div \dfrac{3}{4} \times \dfrac{3}{5}$

⑥ $2\dfrac{1}{4} \div 6 \times \dfrac{14}{15}$

⑦ $\dfrac{2}{3} \div \dfrac{14}{15} \div \dfrac{8}{7}$

⑧ $1\dfrac{2}{5} \div \dfrac{9}{10} \div 7$

32 いろいろな計算

★ できた問題には、
「た」をかこう！

1　でき　2　でき

---

1 次の計算をしましょう。

月　日

① 4×5＋3×6

② 6×7－14÷2

③ 48÷6－16÷8

④ 10－(52－7)÷9

⑤ (9＋7)÷2＋8

⑥ 12＋2×(3＋5)

---

2 次の計算をしましょう。

月　日

① $\left(\dfrac{2}{7}+\dfrac{3}{5}\right)\times 35$

② $30\times\left(\dfrac{5}{6}-\dfrac{7}{10}\right)$

③ $0.4\times 6\times\dfrac{5}{8}$

④ $0.32\times 9\div\dfrac{8}{5}$

⑤ $\dfrac{2}{9}\div 4\times 0.6$

⑥ $0.49\div\dfrac{7}{25}\div 3$

答え

1 分数×整数 ①

① $\frac{5}{6}$　　② $\frac{8}{9}$

③ $\frac{27}{4}\left(6\frac{3}{4}\right)$　　④ $\frac{16}{5}\left(3\frac{1}{5}\right)$

⑤ $\frac{4}{3}\left(1\frac{1}{3}\right)$　　⑥ $\frac{18}{7}\left(2\frac{4}{7}\right)$

① $\frac{3}{4}$　　② $\frac{7}{2}\left(3\frac{1}{2}\right)$

③ $\frac{10}{3}\left(3\frac{1}{3}\right)$　　④ $\frac{20}{3}\left(6\frac{2}{3}\right)$

⑤ 1　　⑥ 8

2 分数×整数 ②

① $\frac{6}{7}$　　② $\frac{9}{2}\left(4\frac{1}{2}\right)$

③ $\frac{21}{8}\left(2\frac{5}{8}\right)$　　④ $\frac{15}{4}\left(3\frac{3}{4}\right)$

⑤ $\frac{12}{5}\left(2\frac{2}{5}\right)$　　⑥ $\frac{16}{3}\left(5\frac{1}{3}\right)$

① $\frac{1}{2}$　　② $\frac{5}{4}\left(1\frac{1}{4}\right)$

③ $\frac{5}{6}$　　④ $\frac{15}{4}\left(3\frac{3}{4}\right)$

⑤ 2　　⑥ 15

3 分数÷整数 ①

① $\frac{8}{63}$　　② $\frac{6}{35}$

③ $\frac{4}{15}$　　④ $\frac{5}{3}\left(1\frac{2}{3}\right)$

⑤ $\frac{3}{8}$　　⑥ $\frac{1}{2}$

① $\frac{1}{27}$　　② $\frac{1}{20}$

③ $\frac{1}{6}$　　④ $\frac{3}{20}$

⑤ $\frac{3}{14}$　　⑥ $\frac{3}{16}$

4 分数÷整数 ②

① $\frac{5}{48}$　　② $\frac{3}{16}$

③ $\frac{2}{27}$　　④ $\frac{1}{5}$

⑤ $\frac{3}{10}$　　⑥ $\frac{3}{2}\left(1\frac{1}{2}\right)$

② ① $\frac{1}{6}$　　② $\frac{1}{35}$

③ $\frac{1}{9}$　　④ $\frac{3}{25}$

⑤ $\frac{3}{8}$　　⑥ $\frac{4}{15}$

5 分数のかけ算①

① ① $\frac{1}{30}$　　② $\frac{4}{15}$

③ $\frac{2}{15}$　　④ $\frac{5}{14}$

⑤ $\frac{8}{3}\left(2\frac{2}{3}\right)$　　⑥ 3

② ① $\frac{8}{15}$　　② $\frac{21}{16}\left(1\frac{5}{16}\right)$

③ $\frac{4}{3}\left(1\frac{1}{3}\right)$　　④ $\frac{8}{3}\left(2\frac{2}{3}\right)$

⑤ $\frac{12}{7}\left(1\frac{5}{7}\right)$　　⑥ 9

6 分数のかけ算②

① ① $\frac{1}{14}$　　② $\frac{36}{35}\left(1\frac{1}{35}\right)$

③ $\frac{3}{10}$　　④ $\frac{5}{6}$

⑤ $\frac{1}{4}$　　⑥ $\frac{7}{24}$

② ① $\frac{48}{35}\left(1\frac{13}{35}\right)$　　② $\frac{21}{8}\left(2\frac{5}{8}\right)$

③ $\frac{6}{5}\left(1\frac{1}{5}\right)$　　④ $\frac{5}{2}\left(2\frac{1}{2}\right)$

⑤ 2　　⑥ $\frac{10}{3}\left(3\frac{1}{3}\right)$

7 分数のかけ算③

① ① $\frac{1}{12}$　　② $\frac{25}{42}$

③ $\frac{3}{28}$　　④ $\frac{2}{3}$

⑤ 3　　⑥ 6

2 ① $\frac{35}{18}\left(1\frac{17}{18}\right)$ ② $\frac{11}{7}\left(1\frac{4}{7}\right)$

    ③ $\frac{3}{2}\left(1\frac{1}{2}\right)$ ④ 2

    ⑤ $\frac{21}{5}\left(4\frac{1}{5}\right)$ ⑥ 20

8 分数のかけ算④

1 ① $\frac{1}{6}$ ② $\frac{6}{49}$

    ③ $\frac{5}{16}$ ④ $\frac{1}{4}$

    ⑤ 12 ⑥ 6

2 ① $\frac{27}{35}$ ② $\frac{13}{8}\left(1\frac{5}{8}\right)$

    ③ $\frac{6}{5}\left(1\frac{1}{5}\right)$ ④ $\frac{5}{3}\left(1\frac{2}{3}\right)$

    ⑤ 4 ⑥ $\frac{15}{2}\left(7\frac{1}{2}\right)$

9 3つの数の分数のかけ算

1 ① $\frac{10}{21}$ ② $\frac{49}{45}\left(1\frac{4}{45}\right)$

    ③ $\frac{7}{12}$ ④ $\frac{4}{5}$

    ⑤ $\frac{5}{4}\left(1\frac{1}{4}\right)$ ⑥ $\frac{4}{7}$

2 ① $\frac{25}{48}$ ② $\frac{3}{14}$

    ③ $\frac{9}{11}$ ④ $\frac{1}{3}$

    ⑤ $\frac{7}{6}\left(1\frac{1}{6}\right)$ ⑥ $\frac{5}{2}\left(2\frac{1}{2}\right)$

10 計算のきまり

1 ① $\frac{1}{5}\,(0.2)$ ② $\frac{11}{4}\left(2\frac{3}{4}、2.75\right)$

    ③ $\frac{7}{5}\left(1\frac{2}{5}、1.4\right)$ ④ $\frac{1}{5}\,(0.2)$

    ⑤ $\frac{1}{2}\,(0.5)$ ⑥ $\frac{1}{7}$

11 分数のわり算①

1 ① $\frac{15}{4}\left(3\frac{3}{4}\right)$ ② $\frac{28}{15}\left(1\frac{13}{15}\right)$

    ③ $\frac{16}{7}\left(2\frac{2}{7}\right)$ ④ $\frac{5}{12}$

    ⑤ $\frac{3}{2}\left(1\frac{1}{2}\right)$ ⑥ $\frac{1}{9}$

2 ① $\frac{70}{27}\left(2\frac{16}{27}\right)$ ② $\frac{1}{4}$

    ③ $\frac{15}{8}\left(1\frac{7}{8}\right)$ ④ $\frac{7}{13}$

    ⑤ 16 ⑥ $\frac{1}{12}$

12 分数のわり算②

1 ① $\frac{35}{12}\left(2\frac{11}{12}\right)$ ② 21

    ③ $\frac{28}{5}\left(5\frac{3}{5}\right)$ ④ $\frac{9}{10}$

    ⑤ $\frac{1}{12}$ ⑥ $\frac{2}{3}$

2 ① 6 ② $\frac{16}{27}$

    ③ $\frac{20}{27}$ ④ $\frac{2}{3}$

    ⑤ $\frac{14}{9}\left(1\frac{5}{9}\right)$ ⑥ $\frac{9}{16}$

13 分数のわり算③

1 ① $\frac{8}{3}\left(2\frac{2}{3}\right)$ ② $\frac{9}{16}$

    ③ $\frac{18}{5}\left(3\frac{3}{5}\right)$ ④ $\frac{7}{12}$

    ⑤ $\frac{2}{3}$ ⑥ $\frac{3}{4}$

2 ① $\frac{28}{15}\left(1\frac{13}{15}\right)$ ② $\frac{1}{4}$

    ③ $\frac{35}{13}\left(2\frac{9}{13}\right)$ ④ $\frac{3}{4}$

    ⑤ 30 ⑥ $\frac{3}{20}$

14 分数のわり算④

1 ① $\frac{80}{21}\left(3\frac{17}{21}\right)$ ② 8

    ③ $\frac{14}{5}\left(2\frac{4}{5}\right)$ ④ $\frac{14}{15}$

    ⑤ $\frac{1}{12}$ ⑥ $\frac{2}{3}$

① $\dfrac{34}{5}\left(6\dfrac{4}{5}\right)$　　②$\dfrac{12}{25}$

③$\dfrac{20}{21}$　　④$\dfrac{6}{7}$

⑤$\dfrac{3}{2}\left(1\dfrac{1}{2}\right)$　　⑥$\dfrac{16}{9}\left(1\dfrac{7}{9}\right)$

5 分数と小数のかけ算とわり算

① $\dfrac{3}{70}$　　②4

③$\dfrac{1}{3}$　　④$\dfrac{7}{5}\left(1\dfrac{2}{5}、1.4\right)$

①$\dfrac{27}{25}\left(1\dfrac{2}{25}、1.08\right)$②$\dfrac{12}{5}\left(2\dfrac{2}{5}、2.4\right)$

③$\dfrac{15}{4}\left(3\dfrac{3}{4}、3.75\right)$④1

6 分数のかけ算とわり算のまじった式①

① $\dfrac{15}{2}\left(7\dfrac{1}{2}\right)$　　②$\dfrac{7}{18}$

③$\dfrac{1}{6}$　　④$\dfrac{54}{35}\left(1\dfrac{19}{35}\right)$

⑤$\dfrac{9}{16}$　　⑥12

⑦$\dfrac{14}{9}\left(1\dfrac{5}{9}\right)$　　⑧$\dfrac{5}{7}$

7 分数のかけ算とわり算のまじった式②

① $\dfrac{45}{7}\left(6\dfrac{3}{7}\right)$　　②1

③$\dfrac{1}{10}$　　④$\dfrac{3}{10}$

⑤$\dfrac{21}{8}\left(2\dfrac{5}{8}\right)$　　⑥$\dfrac{2}{3}$

⑦$\dfrac{3}{4}$　　⑧$\dfrac{5}{4}\left(1\dfrac{1}{4}\right)$

8 かけ算とわり算のまじった式①

① 2　　②$\dfrac{24}{35}$

③$\dfrac{5}{6}$　　④$\dfrac{5}{2}\left(2\dfrac{1}{2}、2.5\right)$

⑤$\dfrac{25}{3}\left(8\dfrac{1}{3}\right)$　　⑥$\dfrac{72}{25}\left(2\dfrac{22}{25}、2.88\right)$

⑦$\dfrac{6}{5}\left(1\dfrac{1}{5}、1.2\right)$　　⑧$\dfrac{18}{5}\left(3\dfrac{3}{5}、3.6\right)$

19 かけ算とわり算のまじった式②

1 ① $\dfrac{1}{27}$　　②$\dfrac{1}{5}(0.2)$

③$\dfrac{1}{15}$　　④$\dfrac{10}{7}\left(1\dfrac{3}{7}\right)$

⑤$\dfrac{15}{2}\left(7\dfrac{1}{2}、7.5\right)$　⑥$\dfrac{63}{50}\left(1\dfrac{13}{50}、1.26\right)$

⑦$\dfrac{16}{3}\left(5\dfrac{1}{3}\right)$　　⑧$\dfrac{1}{3}$

20 6年間の計算のまとめ 整数のたし算とひき算

1 ①81　②163　③207　④984
⑤612　⑥1285　⑦2182　⑧3727

2 ①47　②66　③291　④144
⑤89　⑥522　⑦886　⑧505

21 6年間の計算のまとめ 整数のかけ算

1 ①90　②203　③3438　④3540
⑤1599　⑥1512　⑦6396　⑧1440

2 ①13621②14749③21995④92338

22 6年間の計算のまとめ 整数のわり算

1 ①13　②23　③54　④246
⑤4　⑥8　⑦14　⑧341

2 ①16 あまり 4　　②17 あまり 5
③32 あまり 28　　④25 あまり 43

23 6年間の計算のまとめ 小数のたし算とひき算

1 ①7.8　②3.1　③12.1　④16.5
⑤1.62　⑥3.64　⑦2.48　⑧62.74

2 ①2.5　②2.9　③8.1　④1.6
⑤0.26　⑥0.62　⑦5.02　⑧2.91

24 6年間の計算のまとめ 小数のかけ算

1 ①25.6　②0.54　③620.4　④107.7

2 ①80.4　②5.84　③22.96　④9
⑤43.584　⑥0.136　⑦0.5005　⑧7.504

25 6年間の計算のまとめ　小数のわり算

1 ①1.3　②60　③49　④7
⑤65　⑥3.1　⑦2.8　⑧7

2 ①2.2 あまり 0.2　②1.6 あまり 0.14
③39.3 あまり 0.005　④7.6 あまり 0.3

26 6年間の計算のまとめ　わり進むわり算

1 ①0.85　②0.78　③3.25　④0.875

2 ①5.75　②4.18　③1.32　④1.95
⑤5.6　⑥6.25　⑦3.5　⑧1.25

27 6年間の計算のまとめ　商をがい数で表すわり算

1 ①0.2　②0.9　③0.6　④6.9

2 ①2.9　②1.6　③8.2　④1.4

28 6年間の計算のまとめ　分数のたし算とひき算

1 ①$\frac{5}{7}$　②$\frac{25}{24}\left(1\frac{1}{24}\right)$

③$\frac{2}{3}$　④$\frac{87}{40}\left(2\frac{7}{40}\right)$

⑤$\frac{13}{3}\left(4\frac{1}{3}\right)$　⑥$\frac{7}{2}\left(3\frac{1}{2}\right)$

2 ①$\frac{1}{5}$　②$\frac{1}{2}$

③$\frac{8}{15}$　④$\frac{5}{6}$

⑤$\frac{17}{24}$　⑥$\frac{14}{15}$

29 6年間の計算のまとめ　分数のかけ算

1 ①$\frac{12}{7}\left(1\frac{5}{7}\right)$　②$\frac{15}{2}\left(7\frac{1}{2}\right)$

③$\frac{8}{15}$　④$\frac{5}{12}$

⑤$\frac{3}{4}$　⑥2

2 ①$\frac{4}{3}\left(1\frac{1}{3}\right)$　②$\frac{3}{4}$

③$\frac{7}{3}\left(2\frac{1}{3}\right)$　④$\frac{25}{12}\left(2\frac{1}{12}\right)$

⑤2　⑥3

30 6年間の計算のまとめ　分数のわり算

1 ①$\frac{3}{20}$　②$\frac{56}{5}\left(11\frac{1}{5}\right)$

③$\frac{7}{15}$　④$\frac{3}{4}$

⑤4　⑥6

2 ①$\frac{2}{15}$　②2

③$\frac{8}{5}\left(1\frac{3}{5}\right)$　④$\frac{4}{3}\left(1\frac{1}{3}\right)$

⑤$\frac{3}{4}$　⑥$\frac{4}{5}$

31 6年間の計算のまとめ　分数のかけ算とわり算のまじった式

1 ①$\frac{2}{3}$　②3

③$\frac{3}{7}$　④$\frac{21}{4}\left(5\frac{1}{4}\right)$

⑤$\frac{1}{2}$　⑥$\frac{7}{20}$

⑦$\frac{5}{8}$　⑧$\frac{2}{9}$

32 6年間の計算のまとめ　いろいろな計算

1 ①38　②35
③6　④5
⑤16　⑥28

2 ①31　②4

③$\frac{3}{2}\left(1\frac{1}{2}、1.5\right)$　④$\frac{9}{5}\left(1\frac{4}{5}、1.8\right)$

⑤$\frac{1}{30}$　⑥$\frac{7}{12}$